家庭服务业从业人员岗位技能培训丛书

整理收纳师

编委会

主　任：张丽丽

副主任：孙　露

编　委：严　琦　季　臻

本书编审人员

主　编：辜　井

插　画：朱真寅　祝予成

主　审：周　琦

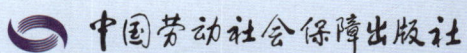

图书在版编目(CIP)数据

整理收纳师 / 辜井主编. -- 北京：中国劳动社会保障出版社，2021
（家庭服务业从业人员岗位技能培训丛书）
ISBN 978-7-5167-5091-9

Ⅰ.①整… Ⅱ.①辜… Ⅲ.①家庭生活–岗位培训–教材 Ⅳ.①TS976.3

中国版本图书馆CIP数据核字（2021）第233758号

中国劳动社会保障出版社出版发行

（北京市惠新东街1号 邮政编码：100029）

*

三河市华骏印务包装有限公司印刷装订 新华书店经销

787毫米×1092毫米 16开本 9.25印张 148千字
2021年12月第1版 2022年7月第2次印刷
定价：45.00元

读者服务部电话：（010）64929211/84209101/64921644
营销中心电话：（010）64962347
出版社网址：http://www.class.com.cn

版权专有 侵权必究

如有印装差错，请与本社联系调换：（010）81211666
我社将与版权执法机关配合，大力打击盗印、销售和使用盗版图书活动，敬请广大读者协助举报，经查实将给予举报者奖励。
举报电话：（010）64954652

序

随着人们越来越注重对美好生活的追求、对健康生活的重视，家政服务的类别也越来越细分。2021年3月，人社厅发〔2021〕17号文件中提出，在"家政服务员"职业下增设"整理收纳师"工种。有整理收纳需求的人群正在扩大，整理收纳师是一个能够为他人赋能的新职业。

整理收纳师通过对家庭空间的规划、对物品属性的归纳整理和有效的收纳技巧示范，让用户享受整洁、美观、舒适的家庭生活。党的十九大报告指出："中国特色社会主义进入新时代，我国社会主要矛盾已经转化为人民日益增长的美好生活需要和不平衡不充分的发展之间的矛盾。"整理收纳的专业化将助力人民实现美好生活愿望。

上海市家庭服务业行业协会着力推进家政服务行业朝着职业化、专业化的方向发展，在推动落实《国务院办公厅关于促进家政服务业提质扩容的意见》（国办发〔2019〕30号）文件精神、促进家政服务业提质扩容方面主动作为，在促进行业健康发展、保障各方合法权益方面发挥了积极作用。本次组织编写的《整理收纳师》立意新颖，内容丰富，是一本融合新理论、新观点和新技术的好书，适合整理收纳从业人员培训使用。

上海市家庭服务业行业协会会长

2021年11月12日

内容简介

本教材旨在提升家庭服务业从业人员职业技能水平，从强化培养操作技能、掌握实用技术的角度出发，较好地体现了当前最新的实用知识与操作技术，指导和帮助从业人员掌握家庭整理收纳的核心知识与技能。

本教材在编写过程中根据本职业的工作特点，以能力培养为根本出发点，采用模块化的编写方式。教材共分为5章，分别为：整理收纳师职业准备、整理收纳师工作技能、家庭空间整理收纳、家庭物品整理收纳、家庭整理收纳管理。

目 录 contents

第 1 章　整理收纳师职业准备
第 1 节　整理收纳师的职业要求……………………2
第 2 节　整理收纳师的行为礼仪……………………8
第 3 节　整理收纳师的自我保护……………………13

第 2 章　整理收纳师工作技能
第 1 节　整理收纳的作用与原则……………………18
第 2 节　色彩搭配……………………………………20
第 3 节　空间规划……………………………………23
第 4 节　舍弃与再造…………………………………29
第 5 节　垃圾分类……………………………………31

第 3 章　家庭空间整理收纳
第 1 节　玄关整理收纳………………………………36
第 2 节　客厅整理收纳………………………………40
第 3 节　厨房整理收纳………………………………44
第 4 节　书房整理收纳………………………………52
第 5 节　卧室整理收纳………………………………56
第 6 节　卫浴室整理收纳……………………………59

● **第 4 章　家庭物品整理收纳**
　第 1 节　衣物整理收纳…………………………………… 66
　第 2 节　床上用品整理收纳………………………………108
　第 3 节　玩具整理收纳……………………………………114
　第 4 节　饰品整理收纳……………………………………117

● **第 5 章　家庭整理收纳管理**
　第 1 节　项目管理…………………………………………124
　第 2 节　客户管理…………………………………………129
　第 3 节　家庭整理收纳指导………………………………132
　第 4 节　整理收纳实施案例………………………………137

第 1 章

整理收纳师职业准备

第 1 节　整理收纳师的职业要求／2

第 2 节　整理收纳师的行为礼仪／8

第 3 节　整理收纳师的自我保护／13

第 1 节　整理收纳师的职业要求

一、职业与职业道德

1. 职业

（1）职业的含义。职业是指从业人员为获取主要生活来源所从事的社会工作类别。

（2）职业的特征

1）目的性。职业活动以获得现金、实物等报酬为目的。

2）社会性。职业是从业人员在特定社会生活环境中所从事的一种与其他社会成员相互关联、相互服务的社会活动。

3）稳定性。职业在一定的历史时期内形成，并具有较长的生命周期。

4）规范性。职业活动必须符合国家法律和社会道德规范。

5）群体性。职业必须具有一定的从业人数。

（3）职业属性

1）职业的社会属性。职业是人类在生产劳动过程中的分工现象，它体现的是劳动力与生产资料之间的结合关系、劳动者之间的关系，以及不同职业之间的劳动交换关系。这种劳动过程中结成的人与人的关系无疑是社会性的，他们之间的劳动交换反映的是不同职业之间的等价关系，这反映了职业活动的社会属性。

2）职业的规范性。职业的规范性包含两层含义：一是指职业内部的操作规范性，二是指职业道德的规范性。不同的职业在其劳动过程中都有一定的操作规范性，这是保证职业活动的专业性要求。当不同职业在对外展现其服务时，还存在一个伦理范畴的规范性，即职业道德。这两种规范性构成了职业规范的内涵与外延。

3）职业的功利性。职业的功利性也称为职业的经济性，是指职业作为人们赖以谋生的劳动过程所具有的逐利性。职业活动既满足劳动者自己的需要，也满足社会的需要，只有把职业的个人功利性与社会功利性结合起来，职业活动及其职业生涯才具有生命力和价值。

4）职业的技术性和时代性。职业的技术性是指每一种职业都表现出与职业活动相对应的技术要求和技能要求。职业的时代性是指由于社会进步和科学技术发展，人们的生活方式、习惯等因素的变化导致职业打上符合时代要求的烙印。

（4）职业分类。职业分类是指以工作性质的同一性或相似性为基本原则，对社会职业进行的系统划分与归类。职业分类作为制定职业标准的依据，是促进人力资源科学化、规范化管理的重要基础性工作。

2. 道德

（1）道德的含义。马克思主义伦理学认为，道德是人类社会特有的，由社会经济关系决定的，依靠内心信念、社会舆论、风俗习惯等方式来调整人与人之间、人与社会之间、人与自然之间关系的特殊行为规范的总和。道德包含三层含义。一是一个社会道德的性质、内容是由社会生产方式、经济关系（即物质利益关系）决定的，也就是说，有什么样的生产方式、经济关系，就有什么样的道德体系。二是道德是以善与恶、好与坏、偏私与公正等作为标准来调整人们之间的行为的：一方面，道德作为标准，影响着人们的价值取向和行为模式；另一方面，道德也是人们对行为选择、关系调整做出善恶判断的评价标准。三是道德不是由专门的机构来制定和强制执行的，而是依靠社会舆论和人们的内心信念、传统思想和教育的力量来调节的。根据马克思主义理论，道德属于社会上层建筑，是一种特殊的社会现象。

（2）道德的分类。根据道德的表现形式，人们通常把道德分为家庭美德、社会公德和职业道德。作为从事某一特定职业的从业人员，要结合自身实际，加强职业道德修养，担负职业道德责任；同时，作为社会和家庭的重要成员，从业人员也要加强社会公德、家庭美德修养，担负应尽的社会责任和家庭责任。

3. 职业道德

（1）职业道德的含义。职业道德是指从事一定职业的人们在职业活动中应该遵循的，依靠社会舆论、传统习惯和内心信念来维持的行为规范的总和。它调节从业人员与服务对象之间、从业人员与从业人员之间、从业人员与职业之间的关系。它是职业或行业范围内的特殊要求，是社会道德在职业领域的具体体现。

（2）职业道德的基本要素

1）职业理想。职业理想是人们对职业活动目标的追求和向往，是人们的世界观、人生观、价值观在职业活动中的集中体现。它是形成职业态度的基础，是实现职业目标的精神动力。

2）职业态度。职业态度是人们在一定社会环境的影响下，通过职业活动和自身体验所形成的、对岗位工作的一种相对稳定的劳动态度和心理倾向。它是从业人员精神境界、职业道德素质和劳动态度的重要体现。

3）职业义务。职业义务是人们在职业活动中自觉地履行对他人、社会应尽的职业责任。在我国，每一个从业人员都有维护国家、集体利益，为人民服务的职业义务。

4）职业纪律。职业纪律是从业人员在岗位工作中必须遵守的规章、制度、条例等。例如，国家公务员必须廉洁奉公、甘当公仆，公安、司法人员必须秉公执法、铁面无私等。这些规定和纪律要求，都是从业人员做好本职工作的必要条件。

5）职业良心。职业良心是从业人员在履行职业义务中所形成的对职业责任的自觉意识和自我评价活动。人们所从事的职业和岗位不同，其职业良心的表现形式也往往不同。例如，商业人员的职业良心是"诚实无欺"，医生的职业良心是"治病救人"。从业人员能做到这些，内心就会得到安宁；反之，内心会产生不安和愧疚。

6）职业荣誉。职业荣誉是社会对从业人员职业道德活动的价值所做出的褒奖和肯定评价，以及从业人员在主观认识上对自己职业道德活动的一种自尊、自爱的荣辱意向。当一个从业人员职业行为的社会价值赢得社会认可时，就会由此产生荣誉感；反之，会产生耻辱感。

7）职业作风。职业作风是从业人员在职业活动中表现出来的相对稳定的工作态度和职业风范。从业人员在职业岗位中表现出来的尽职尽责、诚实守信、奋力拼搏、艰苦奋斗等作风，都属于职业作风。职业作风是一种无形的精神力量，对从业人员事业的成功具有重要作用。

（3）职业道德的特征。职业道德作为职业行为的准则之一，与其他职业行为准则相比，体现出以下六个特征。

1）鲜明的行业性。行业之间存在差异，各行各业都有特殊的道德要求。

2）适用范围上的有限性。一方面，职业道德一般只适用于从业人员的岗位活动；另一方面，不同的职业道德之间也有共同的特征和要求，存在共通的内容，如敬业、诚信、互助等，但在某些特定行业和具体的岗位上，必须有与该行业、该岗位相适应的具体的职业道德规范。这些特定的规范只在特定的职业范围内起作用，只能对该行业和该岗位的从业人员具有指导和规范作用。

3）表现形式的多样性。职业领域的多样性决定了职业道德表现形式的多样性。随着社会经济的高速发展，社会分工将越来越细，越来越专，职业道德的内容也必然千差万别。各行各业为适应本行业的行业公约、规章制度、员工守则、岗位职责等要求，都会将职业道德的基本要求规范化、具体化，使职业道德的具体规范和要求呈现出多样性。

4）一定的强制性。职业道德除了通过社会舆论和从业人员的内心信念来对其职业行为进行调节外，也与职业责任和职业纪律紧密相连。职业纪律属于职业道德的范畴，当从业人员违反了具有一定法律效力的职业章程、职业合同、职业责任、操作规程，给企业和社会带来损失和危害时，职业道德就将用其具体的评价标准对违规者进行处罚，轻则受到经济和纪律处罚，重则移交司法机关，由法律进行制裁，这就是职业道德强制性的表现所在。但需要注意的是，职业道德本身并不具有强制性，而是其总体要求与职业纪律、行业法规具有一定的交叉，一旦从业人员违背了这些纪律和法规，除了受到职业道德的谴责外，还要受到纪律和法律的处罚。

5）相对稳定性。职业一般处于相对稳定的状态，决定了反映职业要求的职业道德处于相对稳定的状态。如商业行业"诚信为本、童叟无欺"的职业道德，医务行业"救死扶伤、治病救人"的职业道德等，千百年来为从事相关行业的人们所遵守和传承。

6）利益相关性。职业道德与物质利益具有一定的关联性。利益是道德的基础，各种职业道德规范及表现状况都关系到从业人员的利益。对于爱岗敬业的员工，单位不仅应该给予精神方面的鼓励，也应该给予物质方面的褒奖；相反，违背职业道德、漠视工作的员工则应受到批评，严重者还应受到纪律的处罚。一般情况下，当企业将职业道德规范，如爱岗敬业、诚实守信等纳入企业管理时，都要将它与自身的行业特点、要求紧密结合在一起，变成更加具体、明确、严格的岗位责任或岗位要求，并制定出相应的奖励和处罚措施，与从业人员的物质利益挂钩，强调责、权、利的有机统一，便于监督、检查、评估，以促进从业人员更好地履行自己的职业责任和义务。

（4）职业道德基本规范。"爱岗敬业、诚实守信、办事公道、服务群众、奉献社会"，这是所有从业人员都应奉行的职业道德基本规范。

1）爱岗敬业。爱岗敬业作为最基本的职业道德规范，是对人们工作态度的一种普遍要求，是中华民族传统美德和现代企业发展的要求。爱岗就是热爱自己的工作岗位、热爱本职工作，敬业就是要用一种恭敬严肃的态度对待自己的工作。

2）诚实守信。诚实守信是做人的基本准则，也是社会道德和职业道德的一项基本规范。诚实，就是真实不欺，言行和内心思想一致，不弄虚作假。守信，就是真心实意地遵守、履行诺言。诚实守信体现着道德操守和人格力量，也是具体行业、企业立足的基础，具有很强的现实针对性。

3）办事公道。办事公道是对人和事的一种态度，也是千百年来为人们所称道的职业道德。公道就是处理事情坚持原则，不偏袒任何一方。办事公道强调在职业活动中应遵从公平与公正的原则，不计较个人得失，光明磊落。

4）服务群众。服务群众就是为人民群众服务。在社会生活中，人人都是服务对象，人人又都为他人服务。服务群众作为职业道德的基本规范，是对所有从业人员的要求。在社会主义市场经济条件下，要真正做到服务群众，首先，心中时时要有群众，始终把人民的根本利益放在心上；其次，要充分尊重群众，尊重群众的人格和尊严；最后，要千方百计方便群众。

5）奉献社会。奉献社会就是积极自觉地为社会做贡献，这是社会主义职业道德的本质特征。奉献社会并不意味着不要个人的正当利益，不要个人的幸福。恰恰相反，一个自觉奉献社会的人才能真正找到个人幸福的支撑点。个人幸福是在奉献社会的职业活动中体现出来的。奉献和个人利益是辩证统一的，奉献越大，收获越多。

二、整理收纳师的职业道德

1. 真诚守信，言出必行

遵守工作时间、信守诺言是对整理收纳师的基本要求。一般情况下，一个家庭的整理收纳周期为1~3天或更长。整理收纳师必须遵守事先的约定，合理安排好时间，不迟到，不中途违约。在预约服务时间前15分钟以电话、短信、微信或其他方式报备即将到达的信息，不要过早到达客户家中，以免打乱或影响客户原有的安排。凡是承诺和答应过客户的事情尽量做好，不能言而无信，找借口变更。

2. 主动认真，亲切谦和

应竭力做好客户家物品的整理工作，不辜负客户的信任。按照客户的要求完成工作任务，将客户家的事情当成自己家的事情来做，处理事情要站在客户的立场去考虑，尽心尽责为客户服务。工作积极主动认真，不浪费客户家的资源。

3. 尊重隐私，谨言慎行

整理收纳师在家庭中工作，对客户家的情况和隐私会有一些了解。作为整理收纳师，对职责范围外的事要做到"视而不见，听而不闻"，具备良好的职业素养。客户家的门牌、电话号码、工作性质等都是隐私，不可向他人透露。

善于沟通，谨言慎行，不说长道短，与客户建立融洽的信任关系，使双方心情愉快。与客户沟通时要注意倾听，设身处地为他人着想，主动征求意见，交流改进。有意见和分歧时，以尊重客户的意见为先，不可夸夸其谈，也不可在背后恶意中伤。

4. 勇于担当，有错即改

整理收纳师在客户家服务时，难免会出现一些失误，如打破易碎品、掉落护肤品等，此时应有主动承认错误的意识和勇气，不可掩饰自己的错误，也不可寻找诸多借口为自己开脱。在工作中应严谨小心，收纳易碎品、贵重物品时应格外谨慎。

5. 自尊自信，自强自立

（1）不接受客户的馈赠，不对客户家的物品有贪念，尽心履行本职工作。

（2）与客户交流沟通时不卑不亢、不急不躁，做事时作风稳重，不迎合谄媚，实事求是地为客户提供更优质的居家环境。

（3）遇到困难时，应坚定自己的信念，不气馁，不妄自菲薄，积极寻求解决问题的办法，尽自己所能完成工作。

第 2 节 整理收纳师的行为礼仪

一、职业形象

1. 注重个人卫生

个人卫生主要指头发、面部、手指等部位要保持整洁，身上不能有异味，要做到勤洗澡、勤换衣服、勤漱口。指甲要经常修剪，不要留长指甲和涂夸张的指甲油，以免给工作带来不便。上班前不饮酒，忌吃大蒜、韭菜等有刺激性气味的食物。

整理收纳服务的工作性质决定了保持站立、下蹲姿势的时间较长，选择轻便的鞋和舒适的袜子十分有必要，不要赤脚。雨天去客户家要带上装湿鞋的防水袋，把湿鞋放入防水袋后放在门外。

2. 妆容大方适宜

整理收纳师应保持干净、健康、自然的外在形象，避免浓妆艳抹，不披头散发，也不盘复杂的发型等，可以化一个素雅的淡妆，展现良好的精神面貌。不建议戴艳丽或夸张的饰品以及在身体明显部位文身。

3. 服装素雅简洁

着装以素雅、简洁、不影响工作为主，忌衣不系扣或穿褶皱太多的衣服，不宜穿过于紧身、单薄透亮或过分艳丽的服装，忌穿衣领较大的上衣，尽量不穿裙装。夏天着装不要太暴露，忌穿着吊带、背心类衣衫去客户家；如果外衣颜色较浅，内衣以白色或肤色为主。冬天建议以保暖、轻便的着装为主，不建议穿着厚重的衣服进行工作。

衣服要勤洗勤换，保持干净整洁，特别是领口、袖口。不能出现服装上沾有脏物、污渍或有异味的情况。

相关链接

整理收纳师携带的物品

1. 一次性口罩

在客户家进行物品整理收纳工作时，应戴上一次性口罩。口罩不仅能有效隔离空气中的细菌、灰尘，而且能更好地保护呼吸道和面部皮肤。最好选用医用一次性口罩，避免各种张扬的颜色或个性化的图案。口罩的更换频率视工作环境而定，没有固定的标准。

2. 一次性手套

准备3～4副一次性手套，包括一次性橡胶手套和一次性全棉手套，视收纳物品的种类戴不一样的手套。一般在厨房、卫浴室等可能需要接触水的空间进行整理收纳时，戴一次性橡胶手套；在其他空间进行整理收纳时，戴一次性全棉手套。手套可以保持物品干净，并有效防止交叉感染。

3. 拖鞋或防滑鞋套

去客户家工作前准备好一双干净的拖鞋或防滑鞋套，因为要进入室内工作，很多客户会担心脚气传染，事先自己准备好拖鞋或鞋套可以减少尴尬。

4. 针线剪

随身携带一把针线剪，在衣物整理收纳过程中，如果遇有线头、毛刺、拉线等情况可做适当处理。

5. 垫布

整理收纳衣物时，有时因为衣物过多而空间有限，需要把衣物堆放在床上或地板上，此时需要做好防护工作，可以携带几块面积稍大的清洁垫布垫在床上或地板上。

二、行为禁忌

1. 话多，寒暄过头

进入客户家服务时，难免会遇到客户或客户家人的问询，整理收纳师忌话多、滔滔不绝，影响工作的开展和降低工作效率。跟初次见面的客户打招呼时，可以说"您好""很高兴认识您""很高兴为您服务"等。跟已经有过1~2次合作的客户再次遇见，用语可以显得亲切、具体一些，可以说"好久没见了""又见面了"，也可以说"您气色不错""您的发型真好看""您的小孙女好可爱呀"等。不要围绕一个话题喋喋不休，在进行简单的礼貌交流后，即进入工作状态。

2. 过度承诺

话不要说得太"满"，即不要对客户做出过度承诺，如"两天保证给你整理收纳好""保证整理收纳得像服装店一样"等。尤其是面对新客户，在不清楚客户家庭布局、整理收纳物件时，不可轻易承诺，更不可过度承诺。另外，每个人的喜好和审美有所不同，客户不一定会十分满意整理收纳效果。整理收纳师应怀有谦虚的态度，听取客户的需求和建议，用真诚的态度和实际的行动让客户满意，而不是想着靠夸夸其谈来获得客户的认可。

3. 喜怒形于色

与客户无法达成统一意见或客户提出质疑时，应耐心地倾听客户的表述，然后针对客户的意见或质疑一一提出自己的想法，要控制好自己的情绪，不可与客户正面冲突或争执。应抱有"客户第一"的理念，以客户的意见为主，不要给客户"甩脸色"，提出自己的专业化建议，如果客户不愿意采纳，不要试图说服客户，应努力满足客户的需求。等与客户建立一定的感情后，可以再尝试向客户提出专业化建议。

4. 猛套交情

让一个陌生人在短时间内接受你、认同你、相信你，不是一件容易的事情，仪表形象、言行举止等都是考量的因素。对于刚相识不久、交情尚浅的人来说，过度热情和热心会让对方无所适从。对人热情要有一定尺度，既不可显得过于热情，也不能态度冷漠。

5. 卑躬屈膝

服务是为他人提供有效的帮助,而不是放弃尊严去讨好他人。为客户服务时,不能一味讨好客户,要有原则、有步骤地为客户服务,让客户了解并认可你的做法,这才是真正的服务到位。

三、礼仪礼貌

1. 言谈礼仪

(1)吐字清晰,语调平和。说话时吐字要清晰,语速不要太快,讲话声音要柔和、自然,声音音量一般控制在对方能听清为宜。不分场合、不分对象地放开嗓门大声叫嚷,是不雅的言谈方式;也要避免故意装腔作势,捏着嗓子拖长声音说话,让人感到不适。与人交谈要注意语气和语调,恰到好处地运用语气和语调是整理收纳师必须掌握的服务技巧。

(2)态度诚恳,意思清楚。与人交流时,语言所表达的内容、感情与表情要相对一致,不能口是心非,不能信口开河。与人交谈时,目光要专注,不能东张西望、哈欠连天,给人心不在焉的印象。语言表达要简洁明了,说出来的话要能够准确表达自己的意思,切忌啰啰唆唆,词不达意。

(3)多听少说,不谈隐私。与客户交谈要注意谈话内容,一般不询问对方的隐私(如工资、财产、健康、年龄、服饰价格等)。对客户的生活习惯、饮食起居、环境布置不要过分好奇多问。不要评判客户家的是非,不要在客户家谈论别人的私事,不要对客户的宗教信仰说三道四。

与人交谈,不仅要善于表达,更要学会倾听。该说的说,不该说的不说,多听少说,既是整理收纳师与人交谈过程中的要点,也是整理收纳师的必备修养。

(4)称呼恰当,用语礼貌。称呼是指人们在日常交往应酬过程中对彼此的称谓。称呼恰当,主要是指称呼要符合自己及他人的身份。整理收纳师到了客户家,一般以"先生""女士"等称呼客户。彼此熟稔以后,可以按年龄、辈分等称呼客户家的成员,较年轻的客户可称大哥、大姐,较年长的客户可称叔叔、阿姨。

2. 举止礼仪

姿态是一个人修养的直接表现。整理收纳师端庄、娴熟的举止，能让人感觉亲切、专业。反之，举止不得体，粗鲁而无礼，易引起客户的反感。

（1）站姿。站姿是一种基本的姿态，也是整理收纳师工作中的常用姿态，基本要领是：头正，双目平视，下颌微收，面带微笑；挺胸，收腹；髋部向上提，脚跟并拢，脚尖分开；双肩放松，双臂自然下垂。

（2）坐姿。坐姿不仅有坐时的姿态，还包括进坐和退坐时的姿态。一般从左侧进、退坐。坐定后腰部挺起，上体保持正直，两眼平视，双手自然地放在大腿上；大腿要并拢，小腿可交叠。

（3）走姿。走姿是一个人精神状态的具体体现。起步时背部挺直，上半身不可随意摇晃，保持平稳，目光平视，下颌微收，手臂放松、前后自然摆动。行走时，不要左右摇晃，不要左顾右盼，也不要走成"内八字"或"外八字"，两脚应尽量交替走在一条直线上。

（4）蹲姿。蹲姿是拿取、收纳低处物品时的常用姿态。蹲下时腿和身体都在用力，不可以将全身力量都压在小腿上。全蹲或半蹲时手要尽量贴近腰身，上身不可以倾斜得太低，臀部不可以翘得太高。如果衣领较低，蹲下时应一手护住领口。整理收纳师工作时，建议穿着裤装，既便于工作，又防止走光。

3. 日常交往礼仪

（1）递送物品。一般双手递物，如果在特定场合下不必用双手时，一般用右手递物。递送物品时，应当目视对方，必要时起身而立，并主动走近对方。递笔、刀、剪刀等尖利的物品时，需将尖端朝向自己，不要指向对方。递送物品时一般应和颜悦色，并说"请接好""请收好"之类的礼貌语，还要注意目光的交流，双方最好处于"平视"状态。

（2）出入门。入门前先按门铃或敲门。若门是敞开的，也要先敲门并问"我是整理收纳师×××，我现在可以进来吗？"，得到准允后，方可轻轻推门而进。进门后应面向屋内，顺手把门轻轻带上。出门时应面向客户告辞，轻轻把门关上。

（3）物品整理收纳。在整理收纳过程中，养成把挪动过的家具、用过的工具放归原处的习惯。物品在客户未同意或不知情的情况下，不能擅自扔掉，也不能擅自变更位置。无论客户是否在家，均不可擅自动用与整理收纳工作无关的用品，不擅自翻动客户没有交代需要整理收纳的物品。

4. 婉辞礼仪

在服务过程中，整理物品难免会碰到力所不及的事情或造成过失，面对这样的情况，要态度诚恳，弥补过失。

（1）道歉礼仪。道歉绝非耻辱，责任在自己，应大大方方地承认自己的过失，不要遮遮掩掩，不要过分贬低自己，不要说"我真笨""我真没用"等话语，这可能让人看不起，也可能让人得寸进尺。

（2）婉谢礼仪。在客户家服务时，客户为表示感谢，会赠送一些礼物或他们用不上的物品，作为专业整理收纳师，不应收取客户礼物或物品，可以向客户表示感谢，如对客户说"十分感谢，这番心意我心领了，但我不能收"。

第3节　整理收纳师的自我保护

一、个人安全

1. 增强自我保护意识

（1）自备食物和水。整理收纳师进入客户家工作，因工作性质和时间因素，通常需要自备午餐。自带面包、饼干类食物是不错的方式。不要带气味大的食物去客户家，不要吃客户家的饭菜，即便客户热情邀请也应婉言谢绝。吃东西时尽量避开客户或客户家人的视线。天气炎热时，应注意带足量的水。

（2）提高识别能力。根据业务情况可以每次两人结伴到客户家工作。如果发现客户对自己不怀好意，应注意保持距离，并在工作结束后立即离开。

（3）行为端正，态度明朗。在客户家工作时要做到自尊、自爱，与客户说话不轻佻、不暗示、不主动迎合，说话做事不卑不亢。

（4）学会用法律武器保护自己。在客户家工作时如果有突发情况，不要惧怕要挟或讹诈，也不要怕被打击报复。遇到品德不好的客户要严厉拒绝，大胆反抗，运用法律武器保护自己。

2. 物品整理收纳安全

（1）在客户家进行整理收纳工作时，应认真、谨慎对待每一件物品，不故意损坏物品，取拿物品时轻拿轻放，放置物品前检查存放处是否安全。

（2）正确整理收纳电器，看懂各种标志，对于识别有难度的标志和说明书应及时向客户问询，以保证安全。

（3）家里如果有儿童，要把有危险的尖锐物品、消毒剂等放置于儿童不能接触到的地方。

二、家庭中意外事故的紧急呼救

1. 公安报警

如果客户家中发生刑事案件或整理收纳师受到客户的调戏、威胁时，可以拨打"110"报警。报警时，要注意语言简洁、明了，应报告案发的地点（区、街道、路名、门牌号码），时间及简单案情。

严禁随意拨打"110"电话，避免干扰指挥中心的工作，更不可谎报案情。对于乱打电话、滋扰生事，甚至谎报案情者，公安机关将视情节给予处罚。

2. 火灾报警

火灾发生后应立即切断家中的电源、气源，然后拨打"119"火警电话。拨通电话后，应报告的主要内容为：火灾发生地点（区、街道、路名、门牌号码）；燃烧物的种类（是电气

火灾，还是燃气火灾）；火势燃烧状况（燃烧在几楼，是否烧穿屋顶等）。

电话报警后，应到路口等候消防车，引导其尽快赶到火灾现场。

3. 医疗救护

如果自己或身边的人突然受伤或病痛发作，而又无法前往医院救治，可拨打"120"急救电话。打电话时一定要说清需要急救者所处的地址，需要急救者的年龄、性别，受伤或患病类型，当前状况，等等。

第 2 章

整理收纳师工作技能

第 1 节　整理收纳的作用与原则／18

第 2 节　色彩搭配／20

第 3 节　空间规划／23

第 4 节　舍弃与再造／29

第 5 节　垃圾分类／31

整理收纳师

第 1 节　整理收纳的作用与原则

一、整理收纳的作用

1. 人和物的和谐

好的空间是生活的容器。人与物的和谐，除关注人本身的生活习惯、行动路线等，还强调物与空间的和谐。通过恰当的整理收纳可将物品摆放于合适的空间中，让人感觉舒适。例如，将洗漱用品分类摆放，既符合生活规律，又便于取放。

2. 合理利用空间，增大储物空间

利用横向、纵向的空间增加空间利用率，增大储物空间。例如，利用门边、拐角等地方设置置物架或挂钩，有效利用空间。

3. 私密保护

隐蔽式的整理收纳可以加强私密保护。整理收纳本身不是"藏"起物品，而是通过巧妙的整理减少视觉的杂乱，将涉及隐私的物品收于带门的柜子、带盖的收纳盒、抽屉中等。

二、整理收纳的原则

1. 使用频率优先

根据家庭成员的使用习惯和生活习惯对物品进行分类、分架存放,使用频率高的放在易取的位置,使用频率低的可收纳于柜中。例如,男性每天需要使用剃须刀,充电频率约为1个月一次,可以将剃须刀摆放在卫浴室的显眼位置,而将配套的充电器放置于卫浴室的柜子里。使用频率优先原则如下。

频次	相关物品	整理收纳原则
频用物品	在日常生活中频繁使用的物品,如内衣裤、袜子、纸巾等	私密物品放在方便取放且有一定遮掩性的地方,非私密物品一般放在可随手取用的地方
常用物品	在日常生活中经常使用的物品,一般每周都有机会使用的物品,如清洁用具、饰品等	同时兼顾存放和取用的方便性
偶尔用物品	在日常生活中偶然使用的物品,如火锅用具、料理器、各种修理工具等	方便为主,适当考虑取用时间
不用物品	淘汰物品、过期食品等	不占用储物空间,做好垃圾分类,果断丢弃

2. 易看易拿

整理收纳时要注重易看易拿。醒目明确的标志、约定俗成的位置是很有必要的。例如,每天用的水、纸巾、杯子等物品应该放在视野范围内,不仅方便使用,还可减少柜内的空间压力。一些新买的或临保的物品可以规划一个固定空间存放,以提醒客户及时使用。摆放物品时可以按照上轻下重或上高(长形的物品)下矮(圆形类的)的原则,保证物品、空间与人的安全。

大部分人习惯用右手取拿,在整理收纳时,可与客户进行沟通,看家庭中是否有人为"左撇子"。如果家庭成员均为习惯右手取拿,则将惯用物品放在右手边;如果家庭成员中有人习惯左手取拿,在其居住空间内,应注意将常用物品摆放于左侧。

3. 就需就近

将生活中各类物品的储藏与主要使用功能空间建立对应关系，如在洗碗槽旁边设置沥水架。物品的存放既要综合考虑家人的储物心理需求、使用频率、储藏空间等，还要符合使用者的日常使用规律。

一般将大体积、大重量的物品集中放在储藏室，将各个房间中所需使用的物品储存于相应的房间中，便于日常使用，以提高家务劳作的效率和物品取用的便捷性。

4. 总量限定

整理收纳讲究适度和恰到好处，一般在整理收纳时，柜子不可塞得过满。常规的总量限定法如下。

空间	说明
看不见的空间	看不见的空间是指衣橱、抽屉、壁柜等，平时看不到这些空间里的内部物品，整理收纳的原则是"八分满"，要给物品留出进出通道，也要留有余地让人有收拾的劲头
看得见的空间	一些带玻璃门的橱柜或者开放式的收纳架属于看得见的空间，整理收纳的原则是"五分满"，要尽量保持整洁、美观
展示性的空间	玄关柜上或电视柜上通常有一个开放性的展示空间，整理收纳的原则是"三分满"，少量物品可以呈现出清爽、高级的美感

第2节　色彩搭配

色彩搭配不仅是物与物的和谐，还体现了一个家庭的品位。色彩搭配包括衣橱里衣服的色彩搭配、家具与家装饰品的色彩搭配等。

一、色彩黄金配色比

在家居美学的色彩搭配上,有一个独特的黄金分割比例——7∶2.5∶0.5,这是由日本人气杂货店 kinarino 提出的,它是建立在"三色原则"基础上的一条经典配色法则,是针对家居空间延伸的配色方法。

1. 黄金配比之 70%:基础色

一个居室之内基础色不要超过三种,即墙壁、天花板和地板的颜色。家庭的基础色偏向于简约、沉稳,这样营造出来的空间显得整洁干净,符合大多数人的喜好。选颜色浅、亮度高的颜色作为基础色,可以避免室内空间显得压抑和局促。

家庭的基础色在整理收纳师进入家庭工作时已经定型,整理收纳师可以根据家庭的基础色对一些展示物品进行合理的整理收纳,以使整个空间更加协调。

2. 黄金配比之 25%:主配色

主配色的视觉地位仅次于基础色,主配色既包括桌椅、沙发、书架等大件家具的色彩,也包括地毯、窗帘等面积大的软装饰色彩。主配色与基础色可以采用同色调,注意色彩的层次感。整理收纳师可以给客户提供专业建议,更换一块地毯或者桌布,可能会带来意想不到的变化。

3. 黄金配比之 5%:装饰色

大多数家庭的格局和色彩都是简单的,利用好 5% 的装饰色,可以彰显主人的品位。例如,装饰画、艺术摆件、绿植都能起到很好的装饰作用,突显色彩和个性设计。5% 是一个概数,不是一个精确、严格的参数,可以根据客户的喜好和需求进行调整。值得注意的是,装饰色不是随意挑选大红大绿,突兀地放在房间中央博人眼球;而是在墙面、家具等软硬装确定后,选择的和谐相融的配色,其色调和色度可以浮动和变化,会让空间看起来更统一。

家庭整体配色时,可以用"墙浅地中家具深"这个口诀加以尝试:墙壁的颜色最浅,家具的颜色最深,地面的颜色取中间,这样的搭配让空间从上往下有层次感。

二、家庭色彩搭配

浅色调的沙发、书籍收纳柜、装饰品、落地灯，搭配有花式的地面，整体色调偏米色，一盆绿植可以让这个区域显得静谧而生动。

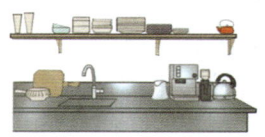

不锈钢材质的料理台面及料理机给人生冷的感觉，但木纹颜色的隔板和浅色瓷器让厨房色彩趋于温暖，这样的搭配色彩干净，让在厨房工作的人心情愉悦。

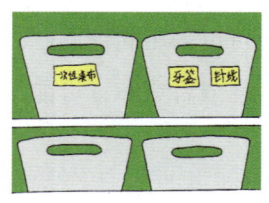

选择置物架、收纳盒等整理收纳工具时，选择同色系的进行搭配会让空间看起来更大，可以用标签或者油性笔做好标注，标清每一个收纳盒内的物件，有序且美观。

淡绿色的墙面贴上各种精致的彩色挂钩或布袋，用于整理收纳小饰品，可以让空间活跃起来，儿童房适宜采用这样的配色。

第 2 章　整理收纳师工作技能

在搁架或置物架上按渐变色摆放物品,不仅在视觉上扩充了空间,也能让家显得更有生气。

在色彩搭配中,色彩还有一个很重要的功能,就是可以作为区分不同种类物品的标志。例如,用不同颜色的篮子放在卫浴室区分内衣、外衣,深色衣物、浅色衣物,手洗衣物、机洗衣物等。

第 3 节　空间规划

一、整理收纳与空间的关系

整理收纳行为本身是一个不断创新探索的过程,需要了解整理收纳与空间的关系,并据此进行必要的设计。

1. 互补关系

整理收纳与空间互补设计,两者相互配合可以减少死角,有效减少空间浪费;还起到平衡的作用,提升整体空间的美观度。

以玄关为例,玄关最主要的家具就是鞋柜,玄关柜可以收纳凌乱的鞋子,让入户处清爽;玄关处也能悬挂全身镜,方便出门前整理仪容仪表;在玄关柜上摆放置物小盘,用于放置常用的钥匙、门卡等物件。

2. 衬托关系

整理收纳与空间相互衬托，取长补短，改善家居环境，弥补装修的不足。

可以有效利用转角、墙面、上方空间等，借助整理收纳小工具解决储物问题。例如，卫浴室坐便器区增加置物架可以放置毛巾、清洁剂等，增加夹缝柜可以放置手纸、卫生用品等。

3. 再造关系

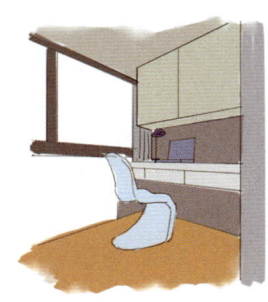

整理收纳可以通过再造空间，让空间变得更为合理，增大储物空间的同时，还能增大家庭的互动空间。

例如，将阳台改造成一个学习或办公空间，借用其空间来储物、学习、办公等，对小户型来说是一个非常不错的设计。

二、常规的家庭空间划分

1. 按私密性划分

家庭空间按私密性可划分为公共空间和私密空间，公共空间和私密空间物品的整理收纳是有区别的。

客厅、餐厅通常是全家人聚集的地方，是家中典型的公共空间。公共空间在视觉上是完全开放的，因此在整理收纳时要考虑共同性的需求，尽可能放置大家都能用上的物品，把它们整理收纳在合适的位置并且能方便取用。

私密空间要考虑隐秘、安全等特点，最典型的整理收纳要点是入柜。卧室、主卫浴室、衣帽间等属于典型的私密空间，私密空间整理收纳的对象包括衣物、私人护理用品、首饰、皮包等，一般不会对非家庭成员开放。在整理收纳私密空间的贵重物品时，要与客户进行沟通，最好是在客户的"指导"下进行，以免产生误解或不必要的纠纷。

2. 按功能划分

家居空间根据各自功能可以分为动区、静区、干区、湿区等空间。

动区	静区
活动比较频繁，可能有较多干扰源的空间称为动区，如过道、客厅、厨房等。此空间整理收纳共用物品为主，利用边角空间，做一些置物架或展示架，将一些不常用或备用的物品储存进较为封闭的空间，将常用物品放置在显眼处。	活动相对比较少的空间称为静区，如卧室、书房等。书房作为居室内静区的主要空间之一，特别适合扩展为家庭的主要整理收纳区域。可以通过在书房设置不同区域进行整理收纳，如使用"下整理收纳、上书柜"的多功能整理收纳柜来填充书房空间。
干区	**湿区**
干爽、干净的空间称为干区，家庭中的大部分空间都有此特点，如起居室、卧室、客厅等。此空间主要是进行柜体和展示架空间的整理收纳。	经常用水、排弃废污物的空间称为湿区，如厨房、卫浴室等。值得注意的是，即便湿区空间再大，也不要将衣物类、棉被类整理收纳其中，湿区湿度大，不是理想的储物空间。

3. 按家居动线划分

"家居动线"是指在室内活动时需要经过的路线，简而言之就是在家里为了完成一系列动作而经过的路线。一般住宅的动线可以分为家务动线、访客动线、私密动线，这三条线不能交叉，这是住宅动线关系的基本原则。如果三条线交叉，会使功能区域混乱，有限的空间被零散分割，影响家居的完整性和生活的舒适度。

（1）家务动线。做家务时，需要有足够的空间弯腰、转身，一定要预留足够的空间。家务动线涉及的区域较广，在设计上要考虑做家务是否方便，是否可以节约时间。活动频繁的区域尽量集中，洗菜、切配、烹饪的动线应连在一起，洗衣、晾衣、熨烫衣物的动线也应连在一起。同一件家务的活动空间集中在一处，可以更为高效，也提升做家务人员的幸福感。

厨房是主要的家务动线空间，常用的且没有办法折叠的铁锅、大汤勺等，可以挂墙，一般不建议将常用厨具置于收纳柜中，避免频繁开关橱柜门。没法挂上墙的，如调味用品罐，可以在安全又不影响美观的情况下设计隔板或置物架，保证在烹调时可以随手取用，减少行动路线。

（2）访客动线。访客动线一般涉及客厅、餐厅、客卫浴室、阳台等区域，在考虑访客动线时，最基本的就是保护卧室的私密性，既不影响家人休息，又方便和客人交流活动。

家中空间面积允许的话，可以在客厅旁边设计一个具有储物功能的架子或桌子，方便客人放置其物品。

（3）私密动线。私密动线主要涉及卧室、主卫浴室、书房等空间。私密动线设计要充分尊重客户的生活格调，顺应其生活习惯。

私密动线一定要考虑私密性和便捷性，不要与家务动线和访客动线交叉。

三、家庭空间规划的特征

1. 在了解的基础上进行

在正式进行整理收纳之前，要充分了解所服务家庭的布局、物品种类、客户需求等，可以罗列整理收纳需求清单，做好规划。通过必要的了解，可以清楚地知道物品的详细信息与整理收纳要点，了解储物空间的可利用率，指导客户购买相应的收纳用品，为整理收纳做好充足准备。

2. 及时反馈与调整

整理收纳是为了让生活井然有序而不是打乱原本的生活，家人的认同和参与是整理收纳空间规划不可忽视的重要一步。整理收纳师要将自己的规划思路与客户进行沟通，根据客户的反馈进行调整，双方达成一致意见后再开始整理收纳。通过整理收纳，可以让居家环境变得更为整洁舒适，但是一定不能打乱客户原有的生活习惯，所规整的东西要让客户清楚其位置，有必要的话，可以在收纳盒外贴上物品标签。在首次整理收纳后，可以将规划稿交给客户，让客户在后期提出建议，提升后续的整理收纳效率。

3. 具有一定的稳定性

物品的放置不是一成不变的，也会随着空间、季节、物品增减或心情而发生变化，但是整体而言，在某一个空间或某一段时间，物品的放置有一定的稳定性。整理收纳空间的规划除了需要考虑物品存放位置的固定外，还要考虑各种因素变化对应的稳定性。例如，换季衣物整理收纳时，因为春秋季的气温类似，所以一般会将衣物按照春秋季、夏季、冬季进行整理收纳，便于换季时整体进行替换，形成换季循环的习惯。

四、家庭空间规划展示

家是需要规划的，无论是空间还是生活，这些规划是基于家人的习惯和使用逻辑进行的。规划出理想的收纳空间，除了从生活需求出发、观察生活中的一些规律外，还应考虑和了解使用者的生活习惯和生活方式，要以使用者的角度进行整理收纳空间规划，常用的家庭空间规划展示如下。

多层架式规划

墙面立式规划

整理收纳师

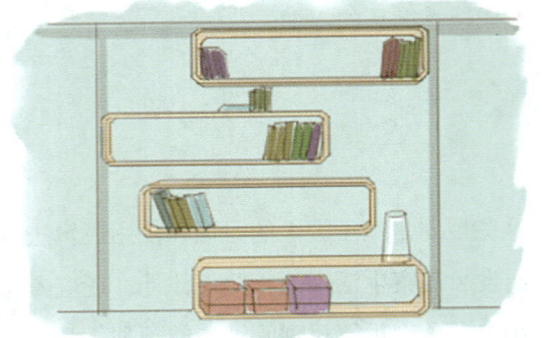

灵动空间规划

固定空间规划

衣柜分区域规划

橱柜分区域规划

敞开式空间规划

第 4 节 舍弃与再造

一、舍弃

1. 舍弃的顺序

（1）舍弃显而易见的垃圾。显而易见的垃圾包括快递盒、一次性餐具、空瓶子、坏了的家电、生了锈的五金件等。

（2）扔掉无益于生活的物件。无益于生活的物件包括冰箱里储存较久的剩菜剩饭、过期的药品等。

（3）处理"看似有用"的东西。对于不确定要不要丢的东西，有一些基本的判断标准，如两年内没有用过的玩具、没有穿过的衣服、没有背过的包等。虽然当时花了一定的价钱，但是与其让它们占用有限的家庭空间，不如一次性清理。

2. 舍弃的决策

在扔东西的过程中,会遇到一些难以舍弃的东西,可以准备一个待定筐或一个待定柜。把无法舍弃的东西暂时先放在待定筐或待定柜里,给自己一个期限,这个期限可以是2个星期、1个月、3个月……暂时把它们隔离一段时间。若在设定的期限内没有使用过,可以决定舍弃。

如果扔不扔一件东西让你反复思考纠结了5次以上,那么就应该果断放弃。因为它已经开始牵扯你的精力,还会让你纠结其他东西的去留,带来连锁反应。

3. 舍弃的途径

(1)直接进垃圾站。对于一些破损物、生活垃圾可以直接扔进垃圾站,注意进行垃圾分类。

(2)放二手交易平台出售。有一些原价值较高的物件,如品牌首饰、包、乐器等,可以放在二手交易平台进行出售。

(3)旧物捐赠或回收。目前国内的旧物捐赠或回收平台正在不断完善中,常用的有爱回收、咸鱼回收等,平台提供免费上门收取服务。

二、再造

在寸土寸金的当下,每个家庭都想充分利用有限的家居空间,对家居空间进行软装改造变得流行起来。然而,无论是小户型装修,还是旧房改造,都没有想象中那么简单。

1. 再造的定义和思路

整理收纳空间规划就是对空间进行一定程度的"再造",再造的目标都很明显——重新启动,弥补不足。从整理收纳的角度来说,就是在保持原有整理收纳空间的基础上,向上延伸,往下争取,弹性运用,堆叠使用,死角活用。在日常生活中,大多数人都会有房子越住越小的感觉。随着房屋居住时间的增加和日常用品数量的增多,就会感觉房间越来越拥挤,通过合理利用再造空间,用分隔、组合、移动等方法改善不完美的空间,就能极大地改善房屋的使用状况,并有效增加房屋使用空间。在空间再造过程中,若将一个家庭需要再造的整理收纳空间划分为 10 等分，一般可以按照"2-7-1"的思路进行，2 分是开放式空间再造，7 分是隐蔽式空间再造，1 分是可移动或组合空间再造。

2. 再造的技巧

（1）升高。可利用房间的上部空间，在上部空间加装收纳柜，增加储物空间。也可以在改造时，打造到顶式一体柜，在柜内按需增减隔板。

（2）变厚。一是可在已有的储物空间里增加合适的整理收纳工具，可以实现一层变两层；二是变换可用空间，如一块原本用作挂画装饰的墙面，可以按照画框大小做一个小扁柜挂墙上，然后再把画挂上去，小扁框内可存放一些零碎物品。

（3）换柜。一些空间在设计时会预留装饰品区域，但在使用过程中会发现不实用，可以选择一些封闭式柜体替代，拓展更多的有用空间。

（4）用角。房间的角落通常无法摆放家具，可以在这些空间增加一些挂钩、洞洞板等可移动整理收纳工具。注意尽量不利用阴暗潮湿的死角位置。

（5）用小器。再造的空间可以使用小家具、小整理收纳工具等，确保空间的整体性和美观度。

第 5 节　垃圾分类

一、家庭垃圾分类的定义和意义

1. 家庭垃圾分类的定义

垃圾分类一般是指按一定规定或标准将垃圾分类储存、分类投放和分类搬运，从而转变成公共资源的一系列活动的总称。垃圾在分类储存阶段属于公众的私有品，垃圾经公众分类投放后成为公众所在小区或社区的区域性准公共资源，垃圾分类搬运到垃圾集中点或转运站后成为没有排除性的公共资源。

整理收纳师

家庭垃圾分类就是在家庭这个小集体中，按照城市标准对垃圾进行分类。

2. 家庭垃圾分类的意义

（1）减少环境污染。目前我国的垃圾处理一般都是采用卫生填埋甚至简易填埋的方式，占用了大量的土地，并且对环境造成了污染。垃圾分类可以把有用的垃圾回收再利用，有效减少垃圾填埋，减少对环境的危害。

（2）提高大众节约意识，力争物尽其用。垃圾分类让人们学会节约资源、利用资源，并且养成一个良好的生活习惯，让物品发挥其最大的价值。

二、垃圾的类别与投放标准

类别	定义	举例	投放标准
可回收物	废纸张、废塑料、废玻璃制品、废金属、废织物等适宜回收、可循环利用的生活废弃物	被单、皮鞋、纸板箱、充电线、毛绒玩具、塑料瓶等	（1）轻投轻放 （2）清洁干燥，避免污染 （3）废纸尽量平整 （4）立体包装物清空内容物，清洁后压扁投放 （5）有尖锐边角的，应包裹后投放
有害垃圾	废电池、废灯管、废药品、废油漆及其容器等对人体健康或者自然环境造成直接或者潜在危害的生活废弃物	药品、灯泡、电池等	（1）轻放 （2）易破损的连带包装或包裹后投放 （3）如果为易挥发物，应密封后投放
湿垃圾	易腐垃圾，是指食材废料、剩菜剩饭、过期食品、瓜皮果核、花卉绿植、中药药渣等易腐的生物质生活废弃物	茶叶渣、鱼刺、废弃调味品、过期巧克力等	（1）从产生时就应与其他品种垃圾分开收集，投放前尽量沥干水分，有包装的湿垃圾应将包装去除后分类投放 （2）盛放湿垃圾的容器，如塑料袋等，在投放时应予去除
干垃圾	除可回收物、有害垃圾、湿垃圾以外的其他生活废弃物	纸张、棉签、假发和海绵等	投入干垃圾收集容器，并保持周边环境整洁

三、垃圾桶的选择

1. 材质选择

一般家庭会在客厅、厨房和卫浴室设置垃圾桶，客厅和卫浴室一般是干垃圾，厨房以湿垃圾为主。干垃圾桶的材质没有特殊要求，一般选择与居家环境匹配的材质；湿垃圾桶的材质以不锈钢、环保塑料等为主，不宜采用竹编或藤编材质。

2. 大小选择

客厅可以选择中号垃圾桶，干垃圾污染少，可过夜存放；厨房和卫浴室建议设置小型垃圾桶，可以及时对垃圾进行清理，减少细菌滋生。

3. 盖子选择

垃圾桶建议选择有盖的，既美观又利于细菌防护。厨房带气味的垃圾多，易散发味道，最好选不锈钢带盖的。卫浴室比较潮湿，产生的垃圾容易滋生细菌，如厕时大多数人扔垃圾都是坐在坐便器上进行的，若选择脚踏开启式垃圾桶，可能会很不方便，可以选择感应或手动开盖的垃圾桶，既方便又可以减少细菌传播。

● **小贴士**

> 若担心垃圾桶周围滋生飞虫蚊蚁，可以在垃圾桶内放一颗樟脑丸后再套垃圾袋。

四、存放垃圾的弊端

整理收纳师对垃圾进行分类后，应与客户沟通，及时对垃圾进行处置。向客户传递"居家面积寸土寸金，用来收纳垃圾过于浪费"的观念，也要告知客户把垃圾存放在以下区域的弊端。

1. 门口

门口是公共区域和主要消防通道,堆放垃圾不仅会影响其他邻居的日常生活,也会影响自身的品质生活。

2. 玄关

玄关是家庭的"脸面",堆放垃圾影响美观,若通风不及时还会对家人健康造成隐患。

3. 阳台

阳台是家中的通风口,过量堆放临时垃圾和杂物,会将有害物质带入家中,也影响居家整洁。如果阳台较大,可以在阳台打造封闭式收纳柜用于储物。

垃圾分类是一种健康的生活方式,全国各地都在积极响应,应自觉养成垃圾分类、准确投放的习惯,避免"二次污染",实现资源的循环利用,让绿色、低碳、环保的理念深入人心。

第 3 章

家庭空间整理收纳

第 1 节　玄关整理收纳／36

第 2 节　客厅整理收纳／40

第 3 节　厨房整理收纳／44

第 4 节　书房整理收纳／52

第 5 节　卧室整理收纳／56

第 6 节　卫浴室整理收纳／59

第 1 节　玄关整理收纳

玄关又称门厅,是指入门处到正厅之间的一段空间,一般放置玄关柜和鞋柜。玄关处除了放鞋,还可以放置户外用品、体育用品、临时外套等。

一、玄关功能分区

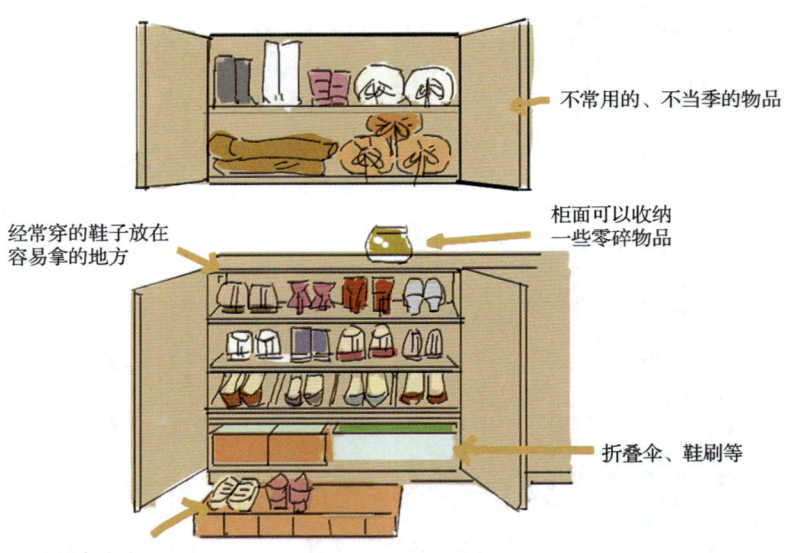

功能分区		整理收纳物品
玄关柜	吊柜	不常用的、不当季的物品
	台面	植物、摆件、托盘(钥匙、零钱包等)
	下柜	运动器材、清洁工具、备用工具等
	鞋凳	方便换穿鞋子

第 3 章　家庭空间整理收纳

续表

功能分区		整理收纳物品
鞋柜	上柜上层	不常穿的鞋子、换季的鞋子等
	上柜中层	男性正装皮鞋
	上柜下层	男性日常鞋子，如当季的、百搭的鞋子
	下柜上层	女性日常鞋子，如当季的、百搭的鞋子
	下柜中层	女性高跟鞋、拖鞋等
	下柜下层	儿童鞋

二、玄关整理收纳实施

1. 鞋子整理收纳

（1）鞋子整理收纳原则

1）利用率不高的鞋子放在鞋柜的上层，常穿的鞋子放在方便取放的位置。

2）按照"鞋子的高度+5 cm"的标准来决定隔板的间隔，尽可能充分利用空间。

3）冬季时，若需放置靴子，可拿掉一层隔板，便于靴子存放；夏季时，若鞋子上方留出较大空间，可增添隔板，多放置几层鞋子。

4）避免留空"半双"。鞋柜内鞋子的放置方式有穿插、平铺、斜摆、吊挂等，不同方式会使柜内的深度与高度有所改变，尽量不要出现只能放半双（一只鞋）的空间。

（2）鞋子整理收纳工具

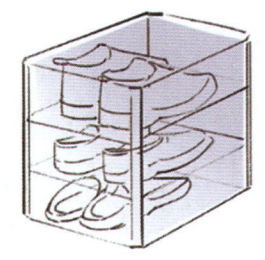

透明鞋盒：整齐收纳，一目了然

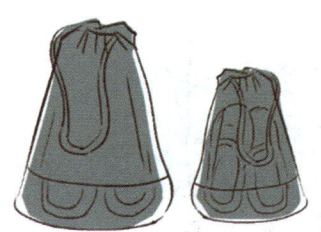

束口袋：旅游、出差时便于装箱，也可用于收纳换季鞋子

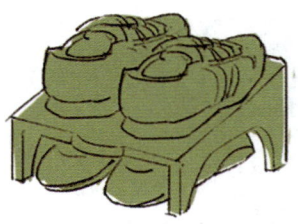
双层鞋架：充分利用空间

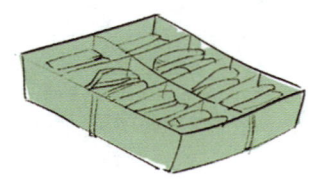
平铺式透明网格：容量大，适用于换季收纳

靴子鞋撑：防止靴子筒软塌

一般鞋撑：保持鞋子的外形

（3）鞋子整理收纳技巧

1）巧妙利用大门方向放置鞋柜内的鞋子。将鞋柜分容易取放的地方和不容易取放的地方，可根据门的朝向列出难易程度，从1到8拿取难度递增，根据鞋子使用的频率进行放置。

2）巧用鞋托或鞋架。单鞋或凉鞋的高度很低，如果全部采用平放会浪费空间，可以考虑使用鞋托或鞋架。

第 3 章　家庭空间整理收纳

3）变竖为横。儿童鞋长度较短，此时可以将鞋子横放以节约空间。例如，两双儿童运动鞋正常横放的长度约为 36 cm，改为竖放后的长度约为 23 cm，大大节约了空间。

4）交错摆放。鞋子摆放时，一只正着摆、另一只倒着摆可以节约空间。在变竖为横时，如果同一方向摆放鞋子，极有可能会超出隔板宽度，无法关闭鞋柜门；如果改为交错摆放，则缩减了宽度，可以正常关闭鞋柜门。

（4）鞋子整理收纳注意事项

1）从不合脚的鞋子开始整理。有些鞋子外观漂亮，价格高昂，但总磨破脚，让主人对它们"又爱又恨"，整理收纳时应明确不合脚的鞋子不会随着时间的流逝成为舒适的鞋子，果断丢弃是更好的选择。

2）不喜欢的穿着频率极低的鞋子。这部分鞋子主要是儿童的，儿童与成人的审美不一样，有些鞋子本质没有问题，但是儿童不喜欢穿导致利用率极低，这类鞋子建议送给身边喜欢的并能穿的人。

3）向客户传递"有了新的放鞋位置再购置新鞋"的观念。在为客户整理收纳鞋柜时，经常会发现鞋子的数量远远超出鞋柜的容纳量，很多鞋子都成了摆设。整理收纳师应向客户传递环保、实用的生活理念，不要购置太多被束之高阁的鞋子，而应结合自身的工作、喜好等购置适合自己的鞋子。

2. 常用物件整理收纳

（1）在鞋柜上方的台面上通常留有空间，可以置物，一般会放置绿植增添生气；选用一个有特色的敞口收纳盒，放置常用的钥匙、门禁卡、优惠券等物品。

（2）在换鞋凳上方布置一个隔板挂架，隔板上方可以放置一些饰品，让家庭氛围显得活泼、轻松；挂架上可以放置饰品，也可以放置常用的帽子、围巾等。

第 2 节　客厅整理收纳

客厅是家庭团聚、休息及会客的空间，以储放共用的物品为主，如视听设备、艺术品、书籍等。

一、客厅功能分区

功能分区		整理收纳物品
观影区	展示柜	书籍，一些有品质、有个性的装饰品等
	电视柜	柜内：杂志、产品说明书、相册等 柜面：电视机、机顶盒、音箱等
休闲区	边柜	台灯、电话机等
	茶几	零食、纸巾、遥控器等
	收纳筐	沙发被、临时换穿的衣服等
	沙发	靠枕

二、客厅整理收纳实施

1. 客厅整理收纳原则

（1）不同物品有序陈列

1）客厅展示品整理收纳原则。客厅的一部分空间会陈列展示柜，放置装饰品来烘托家庭的氛围。装饰品的大小和数量应适宜，物品太小起不到展示作用，物品太大会让空间显得压抑。展示品的位置一般不做变动，平时只要做好清洁即可。有些艺术品在摆放前应确认隔板的承重，力求安全。

2）客厅常规物品整理收纳原则。客厅是家庭公共区域，每个家庭成员的物品都可能会随手放在客厅，久而久之就会因东西太多而让客厅显得杂乱。例如，沙发上经常会有沙发被、穿过一两次的衣服，此时可以考虑在沙发周围设置一个收纳筐，将沙发被、衣服等收纳其中。帮助家庭成员养成东西归位的好习惯，不要把东西随意"摊"在客厅。

（2）根据需要合理分区。客厅是会客、聚会的主要活动空间，若客厅中的活动较为频繁，则需要与家庭其他区域做好私密划分，以免相互干扰。

2. 客厅整理收纳技巧

（1）一些怕潮的贵重器材可以装进透明防潮收纳盒，然后放入收纳柜中。

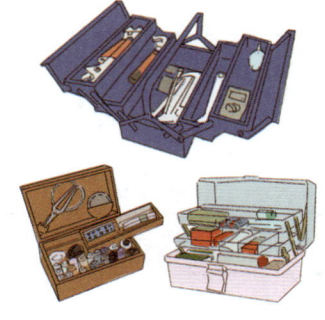

（2）家中常用的工具、器材、药品等可以购置专用的置物箱，将各类物品分类收纳于置物箱中。例如，工具箱内可分区放入旋具、扳手、卷尺等；针线箱可分区放入剪刀、针、各色线等，还可以放入衣服的备用纽扣；药箱可分区放入外用药、内服药、耗材等。

第 3 章　家庭空间整理收纳

（3）带有储物功能的边柜能实现纸巾、电源线、零食等多种物品的整理收纳。有些边柜侧面设置了书报架，可以将常看的书放于其中，非常方便。

（4）茶几一般摆放茶具、果盘、遥控器等，还可以根据需要整理收纳一些坐在沙发上时常用到的物品，如书籍、游戏机等。

（5）如果客厅空间允许，可以在沙发旁边放置一个稍大的整理收纳筐，将沙发被、多余的靠垫、临时外套等放进去，保持沙发区域的整洁。

（6）组合柜。电视柜可以由组合柜组成。通体式长柜可以储存一些较高的物件，如立式风扇、手持立式吸尘器等；电视机上方的柜子可以储存纸巾、利用率不高的包等；电视机下方的柜子可以储存针线盒、电器说明书、游戏机等。

（7）在电视墙上方或者沙发墙上方可以设置隔板架，可整理收纳画册、书、摆件等。这些架子不能承受过重的物品，摆放物品时要充分考虑安全性。

（8）楼梯下部空间比较特殊，可以用于储物，低矮处可做成抽屉，充分利用其空间，较高处可以做成衣柜；也可以根据家庭需要做成展示柜、鞋柜等。

第 3 节　厨房整理收纳

厨房是原料储存、洗涤、加工、切配、烹饪的空间，是家里使用比较频繁的空间，厨房主要储放与烹饪活动有关的食材、器皿等。

一、厨房布局与功能分区

1. 厨房的布局

常见的厨房布局有直线形、L形、U形、走廊形等，布局虽有不同，但是整体的功能是类似的。

直线形

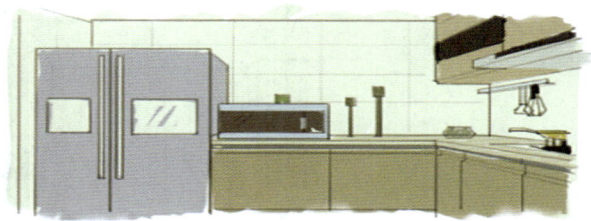

L形

U形

走廊形

2. 厨房的功能

厨房的功能可涵盖为五个字：储、配、洗、切、烹。

储——储物的地方，通过横向空间和纵向空间的合理设置达到储物目的。

配——食材准备区，包括食材的初步整理和烹饪前食材的放置。

洗——食材和餐具的清洗空间。

切——切菜空间，放置切菜板并能进行切菜的操作空间。

烹——厨房的核心，一般由燃气灶、通风排烟装置等构成，燃气灶下方的空间可以储存一些耐高温的用品。

其中，"储"为储物区，"配""洗""切"为准备区，"烹"为烹饪区。

整理收纳师

功能分区		整理收纳物品
储物区	吊柜	上层：不易腐坏的干货、备用餐具等 下层：常用餐具
	高柜	常用小家电（蒸箱、烤箱等），烘焙用品等
	抽屉	上层：小锅、饭盒、保鲜袋等 底层：不常使用的大锅具等大件物品
	下柜	较重的锅具，较重的食品（米、油等）
准备区	台面	清洗后的蔬菜、沥水架，以及常用的碗筷、锅铲等
	墙面	准备区的墙面可以通过设置多功能架子，存放砧板、刀具等；水槽上方的墙面可以放置洗洁精、洗手液等；也可以设置一定宽度的镂空置物架，放置钢丝球、洗碗布、擦手巾等
	水槽下方	水槽下方比较潮湿，一般存放较重的锅具、备用清洁剂等，不要把食品存放于此处
烹饪区	燃气灶	燃气灶上可放置最常使用的锅
	墙面	设置五金架和挂钩，挂置常用的烹饪工具，如炒勺、漏勺等；设置调料架，放置常用的油、盐、酱、醋等
	燃气灶下方	燃气灶下方一般为洗碗机或消毒柜

小贴士

1. 米、面等常用且较重的物品不适合放在吊柜里。
2. 水槽下方比较潮湿,不宜存放食品。
3. 燃气灶下方为温热区,不宜存放不耐高温的物品。

二、厨房常用区域和物品整理收纳实施

1. 厨房常用区域和物品整理收纳原则

科学整理收纳厨房用具、拓展足够多的储存空间是让厨房变得有序的关键。厨房是一个油污多、容器多、瓶罐多的空间,如果整理收纳得当,则可以让日常烹饪更为得心应手,也可以让整个厨房空间显得清爽、整洁。在整理收纳厨房时,应注意以下几个原则。

(1)以用具的使用频率作为厨房整理收纳的基础。在规划厨房空间时考虑物品的使用频率,将较常使用的物品放置在显眼、拿取顺手的地方。例如,将经常使用的碗、盆、锅放在柜子中间位置,而一些不常用的火锅、煮锅等放于高柜或地柜中;日常烹饪时经常要使用的盐、酱油、糖等放在燃气灶附近的开放式储物架上,而不常使用的花椒油、孜然粉等可以收纳于柜中。

(2)养成按照物品类别分类和储放的习惯。厨房的物品种类多,分类储放有助于日常取用。分类后要有固定的放置位置,不要随意变动,让家庭成员逐渐熟悉每个种类的存放位置并形成良好的分类习惯。

(3)操作台面尽量不放置闲杂物品。厨房的操作台面用于配菜和切菜,需要有一定的空间,如果在台面上放置杂物,则会影响切配操作,且有碍于台面清理。

(4)储物柜不宜放得太满。一个家庭的厨房用品消耗量不会特别大,因此不需要储备大量的物品,也不要因为促销而囤积太多物品,如果这些物品不能及时消耗,反而会成为新的"杂物",也会因为过期而造成浪费。另外,适当留出空间可以方便取放,在视觉上也更美观。

（5）适当增加整理收纳器皿，减少空间的浪费。在现代厨房中，橱柜一般在装修时就已固定，当遇到一些新增加的物品或难以整齐放置的常用物品时，可考虑巧用整理收纳器皿，将物品整齐地规置其中。

（6）注意物品的摆放安全。如果家里有老人和学龄前儿童，在进行厨房用品整理收纳时应注意摆放高度，太高不利于老人取物，太低容易让儿童触碰。选择合适的高度，可以通过测量确定。

2. 厨房常用区域和物品整理收纳技巧

（1）对刀叉、封口夹、勺子等小物进行分类，并放在有隔断的抽屉或抽屉盒中，不仅一目了然，而且便于取用。

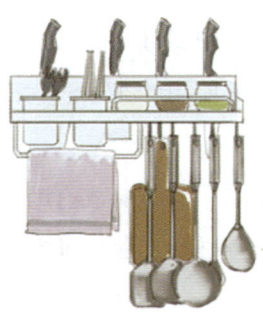

（2）在墙面上安装横杆、挂钩，放置可挂式物品和工具，如刀具、铲子、洗碗布等，既干净，又充分利用了空间。

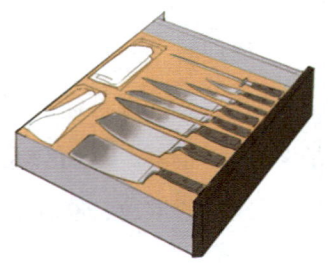

（3）把刀具等利器放在专门的刀架或抽屉中，该抽屉应位于儿童不宜触碰的位置。不建议将叉子、去皮工具等小器具挂置于墙壁搁架上，容易造成人员误伤。

第 3 章　家庭空间整理收纳

（4）利用下柜门的内侧面，安装尺寸适宜的挂架，用于挂置各种锅盖。

（5）柜台的转角处可以设置旋转柜，可以安装开放式层架，用于放置一些较大的锅具或碗具。

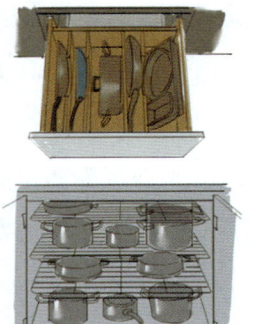

（6）台面下可以是带有分割的抽屉，将平底锅横向放入；也可以是开放式层架，将锅具、锅盖一同整理收纳，兼顾通风干燥。

（7）利用可移动隔层有效利用鸡肋空间。例如，洗手池下方的排水管一般位于该空间的中央，导致下方的收纳空间很鸡肋，竖向空间很大，但是横向空间被阻挡，此时可移动隔层就发挥了大作用，巧妙地避开下水管道，充分利用其余空间。

（8）利用旋转置物架整理收纳厨房的各种调味料，轻轻转动置物架，即可轻松拿取所需的调味料。

3. 厨房常用区域和物品整理收纳注意事项

（1）设专用碗碟架。家庭中习惯把洗过的碗和碟子叠在一起放在橱柜或碗柜里，这样做不利于碗碟的通风干燥。刚洗过的碗碟朝上叠放在一起很容易积水，加上橱柜密闭、不通风，水分很难蒸发，易滋生细菌；有的人在洗碗后喜欢用抹布把碗擦干，但抹布上带有许多细菌，会对碗造成"二次污染"。要保持碗碟的干燥和及清洁，可以在洗碗池旁边设一个碗碟架，清洗完毕后把碟子竖放、把碗倒扣在架子上，很快就能使碗碟自然风干，方便又卫生。

（2）筷筒和刀架要透气。筷子和口腔的接触直接、频繁，筷子存放时要保证通风干燥，选择一个透气性良好的不锈钢筷筒放在通风处，能很快把水沥干。同理，刀具也应该选择透气性良好的刀架。

（3）注意卫生与安全。厨房的垃圾桶最好存放在较隐蔽的地方，减少异味，也能让厨房空间更宽敞。湿垃圾要及时处理，尽量不过夜。火柴、打火机等应放在安全的地方，避开热源。

三、冰箱整理收纳实施

1. 冰箱整理收纳原则

（1）一步到位，取用方便快捷。一是"少用在远处"，即用得比较少的食材放在冰箱的里面；二是"常用在手边"，即经常用的食材放在冰箱开门即可取到的位置。

（2）一目了然，物品不重叠挤压。冰箱物品放置最重要的是防止交叉污染，食材要分门别类，生熟严格分开，独立包装存放。

2. 冰箱整理收纳技巧

（1）整理收纳盒贴上标签，注明食物名称、存放时间、过期时间等。

（2）冰箱建议七分满，太满拿取不方便，还容易引起细菌滋生。

（3）用食品袋分装，干净卫生。不建议将市场上提菜回来的塑料袋直接放进冰箱。

（4）用餐巾纸包裹蔬菜，放入食品袋进行冰箱储藏，可延长蔬菜保鲜期。

第4节 书房整理收纳

书房作为阅读、书写及工作的场所,是为个人而设的私密空间,最能表现出居住者的习性、爱好、品位和专长。书房不应是一个完全封闭的空间,兼会客用的书房除书柜、书桌、椅子外,还可配沙发与茶几。书房的整理收纳对象主要是书籍、文件、各类单据、艺术品等。

一、书房功能分区

功能分区		整理收纳物品
学习/工作区	书柜	书柜中可以存放书籍、家庭相册等,带玻璃门的书柜也可以兼做收藏物品的展示柜
	书桌	有的书桌带抽屉,可以存放一些充电线、家庭账本等;桌面上不建议放置太多东西,以免显得杂乱,可以放一个文具收纳盒,放置笔、尺、橡皮等
	椅子	可根据个人需要,在椅子上放一个靠垫
收藏区	展示柜	展示柜中可陈列主人收藏的艺术品、模型等

第 3 章　家庭空间整理收纳

续表

功能分区		整理收纳物品
休息区	沙发	沙发上一般不放置物品
	茶几	书房的茶几上可以放置茶具、饮品、小食等物品

二、书房整理收纳实施

1. 书房整理收纳原则

（1）化零为整。同一系列的物品、书籍统一整理收纳。

（2）利于提高学习/工作效率。运用科学的设计理念，选择合理的配色和照明，以提高学习/工作效率。

（3）近看近取技巧。伸手可及的是新书；面朝书架站立时，对应面部位置的，一般摆放最近阅读的书；对应腰部到颈部之间的，一般摆放常用的书；对应头部以上、腰部以下的，一般摆放较少使用的书。

2. 书房整理收纳技巧

（1）千页以上的精装典籍如果直接立在书柜里，容易造成书的变形，可以将精装典籍装进书套中，书脊朝外，既能防止书的变形，又能防尘埃，也不影响侧面外观。

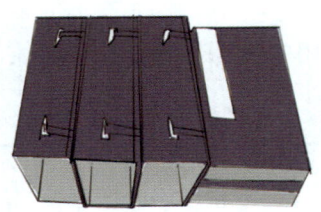

（2）较薄或没有书脊的书，在书柜中立着摆放后不容易查找。可将同一种类或同一系列的薄册图书合装在一个书套里，在书套上贴上对应的书名。

（3）年代久远的破旧书，其收藏价值远远大于使用价值，应保持好现状并进行修整，可单独包书皮。

（4）家电保修卡、发票、荣誉证书等单页类文件，可以根据不同的类别用透明单片夹收纳，每个单片夹对应同类文件，不容易遗失文件，也能透过透明单片夹轻松找到想要的文件。

（5）手机支付、电子会员卡日益普及，人们基本不会再随身携带实体银行卡、会员卡等，可以将实体卡片统一收纳于卡包中，集中存放，便于查找。

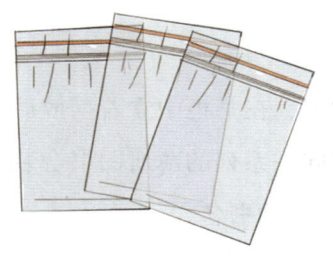

（6）密封袋可以存放备用门卡、优惠券，以及旅游归来剩余的少量境外货币等。

第 3 章　家庭空间整理收纳

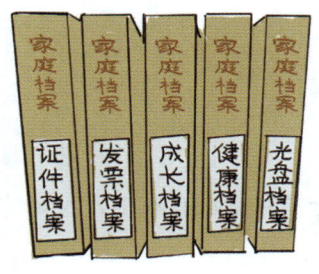

（7）家庭档案属于重要文件，要有固定的空间来放置，可以将家庭档案分门别类地做好标识，存放于保险柜或带锁的抽屉中。

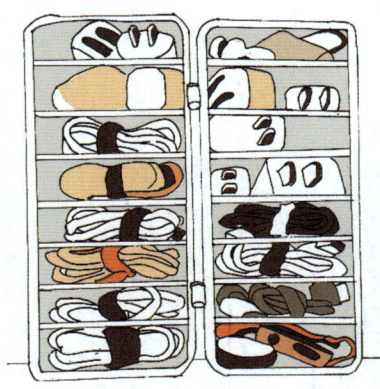

（8）充电线可以用收纳绳进行规整，然后放置在专用收纳盒中，既方便取用，又整洁美观。

● 小贴士

　　常用的证件（如身份证、护照、驾照等）可以用手机拍照留存，并上传至计算机，在手机和计算机中均建立"证件"文件夹，以备不时之需。

3. 书房整理收纳注意事项

（1）按照活动范围合理划分空间，根据区域活动分类放置物品。一些家庭必备品，如药品、针线等用不同的收纳箱盛装后，可以放置在客厅或者书房的固定位置。

（2）同类的书尽可能按照尺寸摆在一起，避免高低错落；一般将珍贵的图书和收藏类图书放在书柜的最高层，常看的图书放置在中间层，儿童图书放置在较低层。

（3）每层书架上的书不要挤得太紧，应方便拿取；没有内侧挡板的书柜不要紧靠墙壁，避免因墙壁返潮导致书籍霉烂。

第 5 节　卧室整理收纳

卧室是睡眠、梳妆的空间，是供休息的私密居室。大部分的卧室都有衣柜，衣物的整理收纳是重点。

一、卧室功能分区

功能分区		整理收纳物品
睡眠区	床头柜台面	常用家电遥控器、小型收音机、台式钟等常用小电器，正在看的书或香薰烛台、纸巾盒等
	床头柜抽屉	数据线、游戏机、平板电脑等小型数码用品，常用药品，或根据使用者的习惯与年龄放置不同的常用物品
	尾凳	睡衣、备用毯等
	床箱	换季衣物、被褥等
梳妆区	台面	常用护肤品和彩妆用品
	首饰盒	项链、戒指、手链等小饰品
	抽屉	比较私密的物品，也可以放置彩妆用品
	化妆桶	各种化妆刷、不能独立直立的化妆用具
储物区	电视柜台面	如果卧室设置有电视柜，在其桌面上一般只摆放电视机、音响等家电，尽量少摆放其他物品
	电视柜下柜	家用电器说明书、家庭相册等
	飘窗柜	根据个人习惯整理收纳内衣等私密物品，也可以摆放一些书籍

二、卧室整理收纳实施

1. 卧室整理收纳原则

（1）优化物品，整洁第一。卧室是休息的地方，人的很大一部分时间是在卧室中度过的，而且是处在睡眠状态。由于使用时间和功能的特殊性，整理收纳在卧室的物品尽量是使用频率高的，不要将鞋子、零食等储存于卧室。

（2）入柜分区原则。卧室中的物品整理收纳不仅要把各种物品巧妙地"藏"起来，更重要的是在需要它们的时候能快速找到，应把物品分类分区入柜。

2. 卧室整理收纳技巧

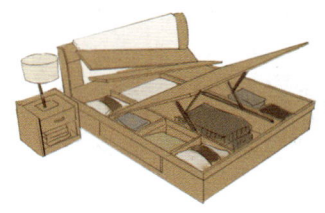

（1）自带储物柜的床下方可以收纳很多物品，注意按照使用频率放置物品，把不常用的被褥、衣物等放置在里面，但要做好防护，最好先用收纳工具装好。

（2）不带储物柜的床下方有一定的空间，可以利用整理收纳箱将物件分类存放，整齐地排放在床底下。选购整理收纳箱前，一定要测量好床下空间尺寸，选购时可以挑选便于清洁床底卫生的带滑轮的整理收纳箱。

（3）床头边基本都会有一组床头柜，可以用来放置书籍、电子产品等，还可以在台面上放一盏小夜灯，用于起夜时的照明，也起到点缀整体空间的效果。

（4）很多家庭会选择在床头增加一排隔板，放置少量书籍、家庭照片、小饰品等，建议不放较硬、重或易碎的物件。

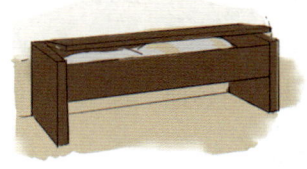

（5）尾凳的整理收纳空间不亚于抽屉柜，可以将睡衣、床上用品等物件整理收纳其中。

第 3 章　家庭空间整理收纳

（6）梳妆台一般都会有抽屉，可以把化妆品和物件收纳在其中，收纳时可参考"三字法"——竖、立、躺。

（7）没有抽屉的梳妆台，可以将护肤品和彩妆用品整齐地摆放于梳妆台上，摆放时可以采取递增、同类等方式用托盘区分，保持台面的整洁。

（8）飘窗通常位于较小的空间中，并且台面都是狭长的形状。可以利用飘窗处的形状定制收纳柜，存放零碎的物品。

第 6 节　卫浴室整理收纳

卫浴室是满足洗漱、沐浴、如厕等需求，使用率较高的区域。卫浴室空间一般不大，湿气较大，阳光照射时间短，基本以储放洗漱用品为主。

一、卫浴室功能分区

功能分区		整理收纳物品
台盆区	全封闭式镜柜	上层：需要防潮的物品 下层：备用的洗漱用品等
	半封闭式镜柜	柜内：需要防潮的物品、备用的洗漱用品等 开放式小格子：洗面乳、面霜等常用物品
	台盆柜	分层整理收纳盒：明确分区、方便拿取，增加物品存储量 十字整理收纳盒：卸妆棉、棉签、发卡、发绳等小物品
	浴室柜	上层：备用洗漱用品、清洁用品等 下层：美容仪、电吹风等小家电
	墙面	设置置物架，放肥皂盒、牙刷架等物品

第3章　家庭空间整理收纳

续表

功能分区		整理收纳物品
淋浴区	置物架墙面	上层：洗发水、护发素等 下层：沐浴露、去角质膏等 挂钩：沐浴刷、沐浴球等
坐便器周边	上方	可安装多层置物架或可移动置物架，放置备用纸巾、日用品等
	两侧夹缝	坐便器刷、坐便器清洁剂等

二、卫浴室整理收纳实施

1. 卫浴室整理收纳原则

（1）"361"原则。卫浴室是一个特殊的湿区空间，有许多零碎但必需的生活用品。卫浴室的整理收纳遵循"361"原则，即3分露（每天要用的物品），6分藏（使用频率低的物品），1分晒（每天与水接触的物品）。

（2）藏露取舍。隐藏隐私的，露出常用的，留下有用的，丢掉无用的。

（3）干湿分离。卫浴室潮湿，易滋生细菌、发霉，日常消耗品可以放置在隔湿性较强的塑料箱中，湿毛巾悬挂在通风的杆子上晾晒或干燥后放于篮筐中。

（4）化零为整。将小件物品整理收纳在篮筐里；将化妆品小样等体积比较小的物品，以及牙刷、牙膏、剃须刀等易散乱的物品放在篮筐或盒子里整理收纳。若担心混淆或取用不便，可在整理收纳盒中间做隔断。

2. 卫浴室整理收纳技巧

（1）充分利用门后空间。门后如果有一定的宽度，可在门背后放一个尺寸适合的多层小筐，分类放置洗漱用品、睡衣、毛巾等；也可以利用门后墙壁，设置一个置物架，置物架的厚度以不影响开关门为宜。

（2）尽量保持洗手池台面的整洁。洗手池台面上的东西越少，台面显得越整洁、空间越大；一般可以放一个托盘或置物架，收纳梳子、牙具等；尽可能把瓶瓶罐罐都收纳进洗手池上方的柜子中，既整洁，也方便打扫清洁。

（3）洗手池台盆下方可能是镂空的，也可能是打满柜子的。镂空的空间可以放脏衣篮、洗脸盆、塑料矮凳等；封闭式储物柜可以收纳洗浴用品、厕纸、毛巾等。

（4）利用淋浴房墙面转角安置各种整理收纳工具是常见的整理收纳方式，如玻璃板、金属挂架等，把洗护用品归类放置。建议洗发护发用品放最高层，洗浴用品放第二层，最下层放搓澡类用具。

（5）利用沐浴区横向空间，将临时的衣物和毛巾置于此处。

（6）利用坐便器区周边空间。可以在坐便器抽水盖上方放置多层置物架，把浴巾、睡衣、香氛等摆在上面，也可以在坐便器边侧放置立式边柜收纳物品。置物架的尺寸应合理，不能影响坐便器的正常使用。

（7）选择带有滑轮的多层整理收纳车，将衣物洗护用品、玻璃清洁剂、坐便器清洁剂等放于其中，既整洁，又合理利用了空间。

3. 卫浴室整理收纳注意事项

（1）保持卫浴室的干燥。卫浴室属于湿区，在洗澡后要注意及时开窗通风，天气寒冷时可以开启排风扇。应保持地面干燥，洗衣服或者洗澡后要及时擦干地砖上的水迹，防止家中成员摔倒。

（2）及时清理毛发。卫浴室是掉发最多的区域，平时要及时清理，防止堵塞下水道。注意毛发不可丢进洗漱台或坐便器中，应用纸巾包裹后丢弃于垃圾桶。

（3）不宜作为储物空间。即使卫浴室空间较大，也不能作为储物空间存放衣物、棉被等，卫浴室湿度大，易导致不耐湿物品发霉。

第 4 章

家庭物品整理收纳

第 1 节　衣物整理收纳／66
第 2 节　床上用品整理收纳／108
第 3 节　玩具整理收纳／114
第 4 节　饰品整理收纳／117

第 1 节　衣物整理收纳

一、衣物整理收纳思路

衣物整理收纳思路是分类、规划、搭配、叠放。

1. 分类

做好衣物整理收纳，首先要做好分类工作，这是对衣柜内部空间进行再分配的基础，也便于客户快速找到需要的衣物。

（1）按衣物类型分类

1）上装外套：夹克、西装、风衣、羽绒服、披风、舞台服等。

2）上装非外套：衬衫、T 恤、毛衣、马甲等。

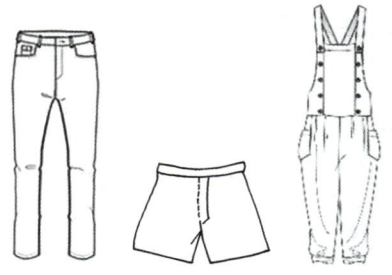

3）裤装：牛仔裤、休闲裤、运动裤、背带裤等。

第4章 家庭物品整理收纳

4）裙装：连衣裙、半身裙、旗袍、礼服等。

5）内衣：背心、吊带、文胸、内裤等。

6）袜子：船袜、中长袜、连裤袜等。

7）配件：帽子、围巾、腰带、领带等。

8）其他：家居服、泳衣等。

（2）按是否为当季服装分类

1）当季：直接悬挂或折叠在衣柜中。

2）过季衣物（明年或下个季还能穿的）：折叠后装箱或装入防尘袋后悬挂。

3）过季衣物（以后不会再穿但无破损）：捐赠或送人。

● 小贴士

有纪念意义的衣物或特殊场合的衣物：装箱或悬挂，建议控制在5件内。

2. 规划

（1）衣柜的分区。对衣柜的储物空间进行分区，要依据使用频率与衣物的重量、使用场景、使用人的生活习惯等进行分区，一般可以分为不常用区（上层）、常用区（中层）、偶尔用区（下层），可以适当增加不同类型的收纳抽屉和收纳架。

上层：体积较大的被褥、枕头，换季衣物等。

中层：当季的、正用的、常用的，按照不同类别进行规划。

下层：贵重的（如保险柜、手提包），次常用的（一些可以折叠的偶尔穿的衣物），裤架等。

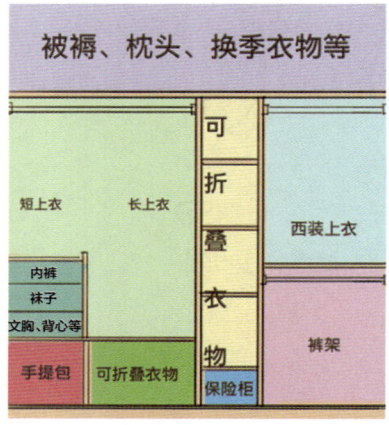

衣柜的柜门有不同类型，有平移门、拉门、折叠门等。

  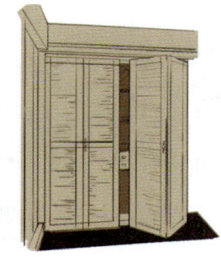

（2）抽屉柜的分区。抽屉柜是家庭中常见的储物柜，既实用又精美。可以按照上轻下重的原则进行逐格放置，也可以按照文胸、内裤、袜子、睡衣、毛衣等不同类别进行放置。

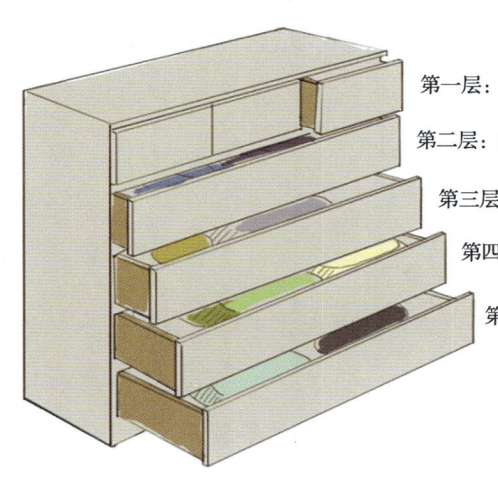

第一层：内衣、内裤、袜子等贴身衣物。

第二层：打底衫、打底毛衣等。

第三层：可叠放的裙子、裤子等。

第四层：可叠放的外套。

第五层：当季需要穿戴的披肩、围巾、腰带等配饰。

（3）开放式组合空间的分区。有的家庭会选择开放式组合空间对衣物进行整理收纳，一般会采用立体衣柜＋抽屉柜＋开放式挂架或收纳盒＋挂袋＋挂架的形式，有的还会在上部空间设置隔板。其分区规划与常用衣柜、抽屉柜类似，但是其对呈现的美观度要求更高，务必使空间呈现出合理、整洁的观感。

3. 搭配

（1）"TPO"搭配原则。"TPO"是指时间（time）、地点（place）、目的（object），要求整理收纳服装时，兼顾时间、地点、目的进行衣物搭配，将搭配好的服装进行悬挂。

整理收纳师

（2）根据季节、衣物材质等搭配出几套不同场合的衣服进行悬挂，如运动类、上班类、休闲度假类，挑选时会更方便。

● **小贴士**

> **衣柜里的加减乘除**
>
> 加（+）：穿衣做加法，购置衣物时，应充分考虑其可搭配性，至少可与三件衣服搭配。
>
> 减（-）：买衣做减法，不能和衣柜里三件衣服搭配的尽量少买。
>
> 乘（×）：跨季衣服做乘法，跨季衣服最好可穿三季。
>
> 除（÷）：购买价格不菲的衣服可以用除法来计算衣服的价值，平均每次投资额＝原始价格÷使用次数÷使用年限。

4. 叠放

不同的衣服有不同的折叠方法，掌握叠衣服的技巧，可以节省空间，方便取拿。

二、服饰折叠与悬挂

1. 衣物的折叠

内裤——三角内裤

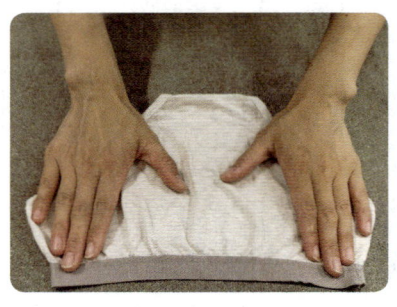

①铺平三角内裤，背面朝上。

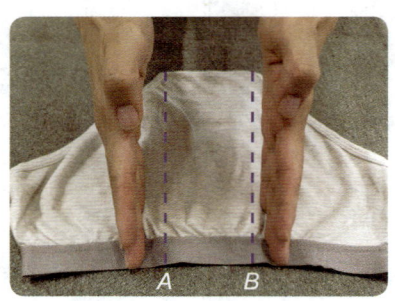

②用掌侧画两条基准线 A 和 B。

第 4 章　家庭物品整理收纳

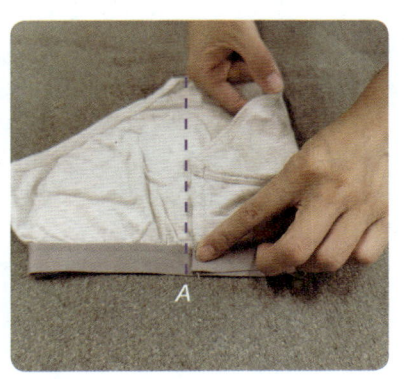

③将三角内裤一侧折向 A 基准线，并与其对齐。

④折另一侧，使三角内裤成长方形。

⑤翻折裤腰，与侧边基本对齐。

⑥翻折裆部。

⑦翻折后的裆部与腰部之间约为 1 指宽度。

⑧将裤裆塞入裤腰。

整理收纳师

折叠效果

内裤——平角内裤

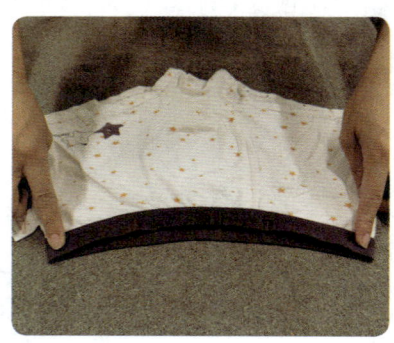

①铺平平角内裤,正面朝上。

②取裤裆中部为基准点。

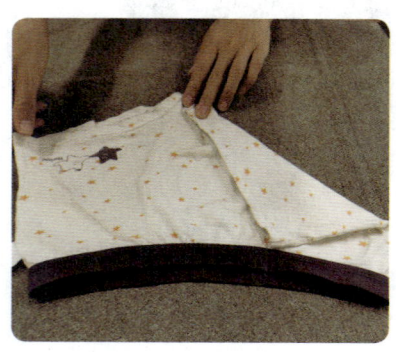

③以基准点为顶点,将两侧裤管向内折叠成三角内裤的形状。

第 4 章　家庭物品整理收纳

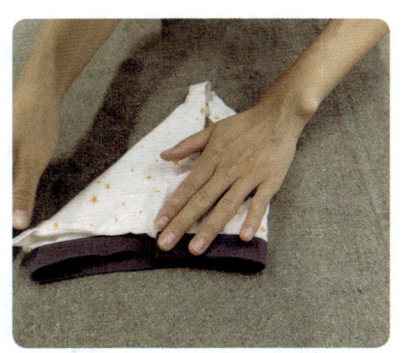 

④左右两侧向内折叠成长方形。

⑤翻折裤腰和裤裆，将裤裆塞入裤腰。

折叠效果

内衣——吊带

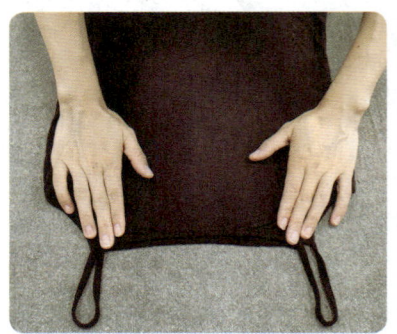

①铺平吊带。

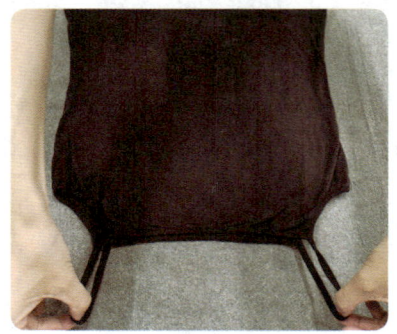

②拎起两侧吊带。

③将吊带收进内侧。

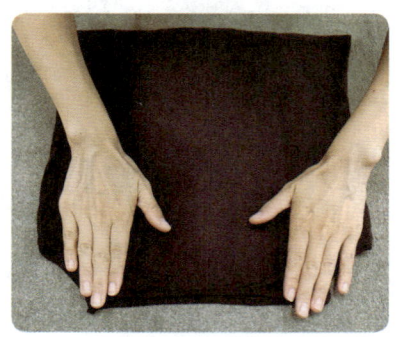

④压平。

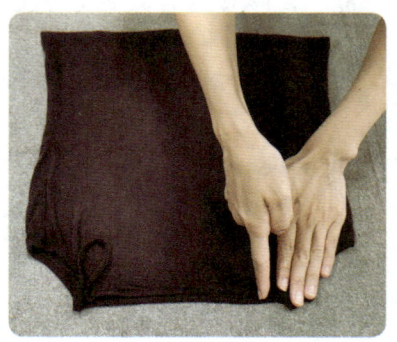

⑤以袖口上端为顶点,用食指往下压一条竖线。

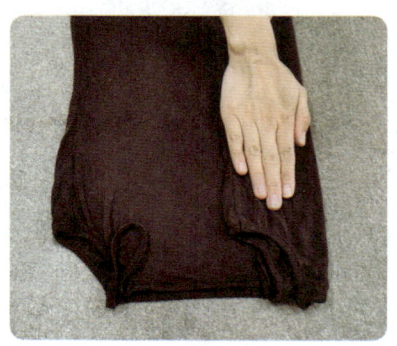

⑥将衣物一侧沿该竖线向内折。

⑦另一侧按⑤⑥方法操作。

⑧以手掌宽度为基础,将下摆向内折。

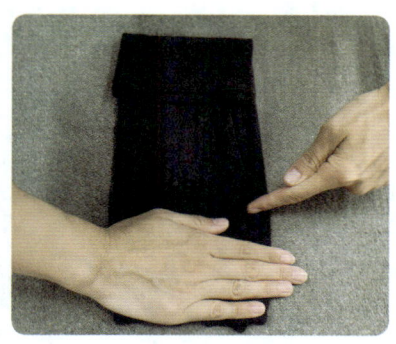

⑨以同样方法翻折领口。

⑩翻折后的下摆和领口之间约为2指宽度。

⑪将领口塞入下摆。

折叠效果

袜子——船袜（普通包裹式）

①铺平船袜，两只船袜同方向叠在一起，对齐，袜跟与袜尖同向。

②以袜跟顶点为基准点，向内翻折。

③将袜尖向内翻折，塞入袜口。

折叠效果

袜子——船袜（叠穿包裹式）

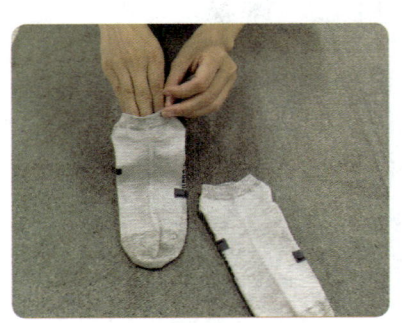

①以穿袜子的方式，将船袜"穿"在手上。

②两只船袜"穿"在同一只手上，调整至完全重叠。

第 4 章　家庭物品整理收纳

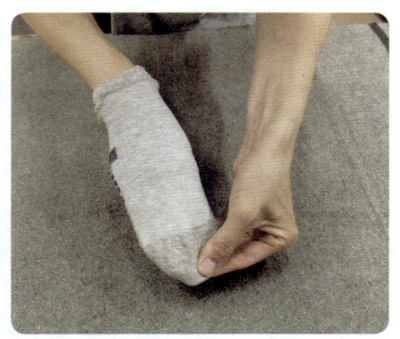

③ "脱"下船袜。

④ 整理至对齐。

⑤ 调整袜口，向内叠。

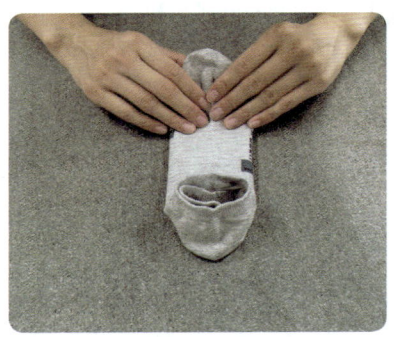

⑥ 将袜尖向袜口翻折。

⑦ 将袜尖塞入袜口。

折叠效果

袜子——中短袜（刀切馒头式，适合春秋款）

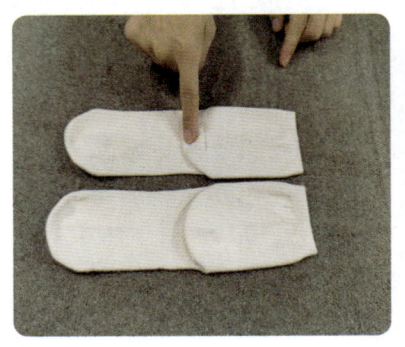

①铺平袜子，注意袜跟的朝向应与袜尖一致。

②将两只袜子重叠。

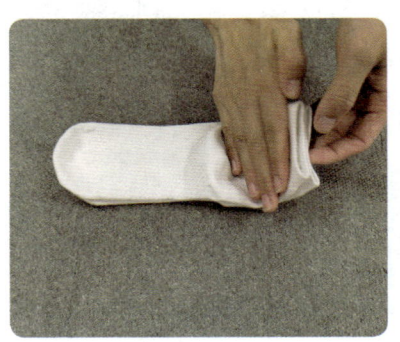

③约以4指宽度为基准，向内翻折袜筒。

④将袜尖向内翻折，翻折基线距离袜口约1指宽。

⑤将袜尖塞入袜口。

折叠效果

袜子——中短袜（三明治式，适合夏款）

①铺平袜子，叠放。

②以袜子一侧长度的 1/3 处为顶点，翻折袜尖。

③一手食指压住三角形顶点，另一手捏住三角形外侧一角。

④向内继续翻折。

⑤适当调整，让三角形的一边与袜子一侧边对齐。

⑥袜子形成三角形开口。

整理收纳师

⑦将袜口塞入三角形开口。

折叠效果

袜子——中袜（汉堡式，适合冬款）

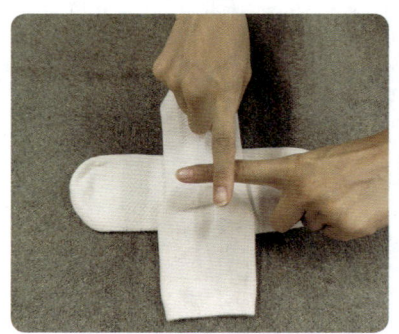

①将袜子按"十"字形交叉叠放。

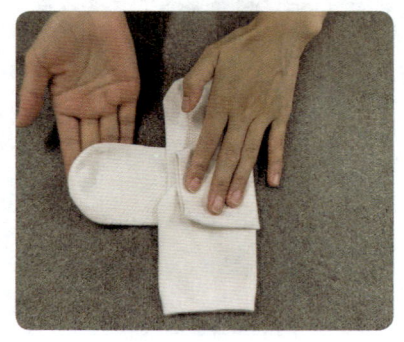

②将下方的袜子向内翻折。

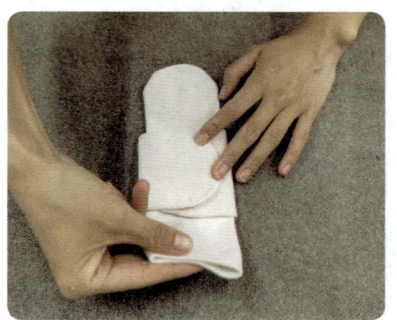

③将上方的袜子向内翻折。

④将上方袜子的袜尖塞入袜口。

第4章 家庭物品整理收纳

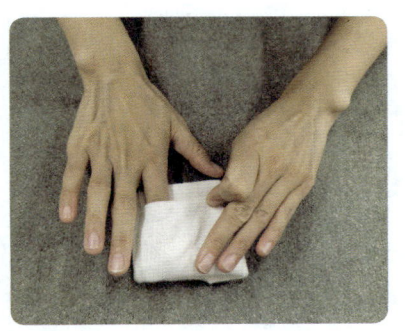

⑤调整至平整。

折叠效果

袜子——连裤袜

①铺平连裤袜。

②沿裤裆中部对折,对齐两袜尖。

③将袜尖与裤腰齐平。

④以手掌宽度为基准翻折裤腰。

⑤以手掌宽度为基准翻折另一侧。

⑥将翻折好的另一侧塞入裤腰。

⑦调整至平整。

⑧折叠效果。

上衣——T恤(三叠式)

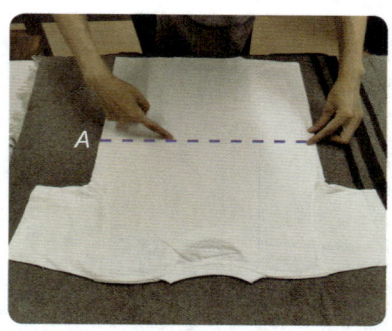

①铺平T恤,用食指在T恤1/2长度处画A基准线。

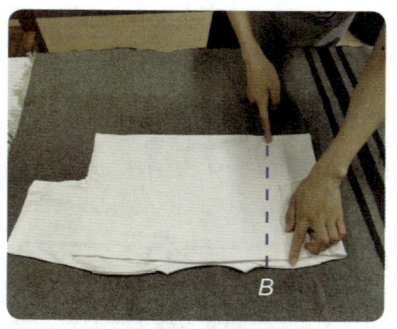

②将T恤沿A基准线翻折,用食指在距离领口约3指宽处往下摆画B基准线。

第 4 章　家庭物品整理收纳

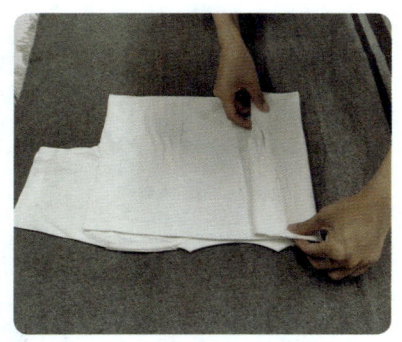

③将 T 恤一侧沿 B 基准线翻折。

④将 T 恤另一侧以同样方法翻折。

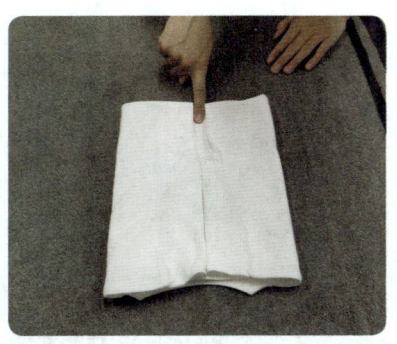

⑤翻折后的两侧间距约为 1 指宽。

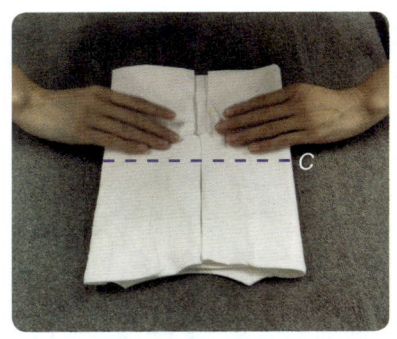

⑥以现有长度的 1/2 为 C 基准线翻折。

⑦调整至平整。

折叠效果

上衣——T恤（包裹式）

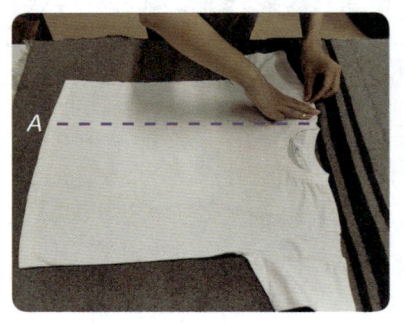

①铺平T恤，用食指在距离领口约3指宽处往下摆画A基准线。

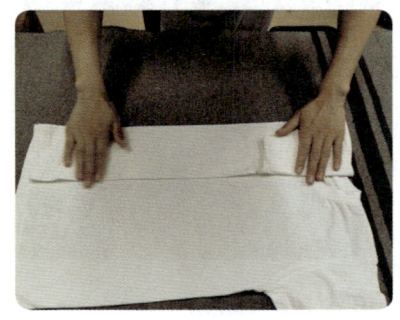

②将T恤一侧沿A基准线翻折。

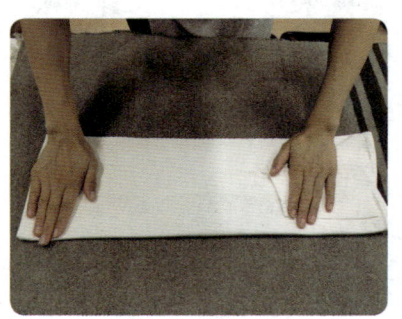

③将T恤另一侧以同样方法翻折。

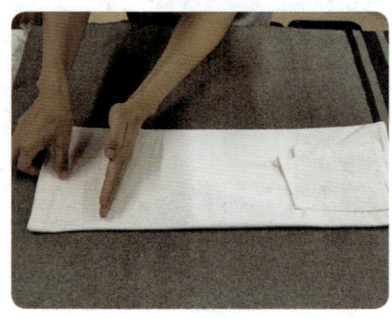

④以手掌宽度为基准，将T恤下摆向内翻折。

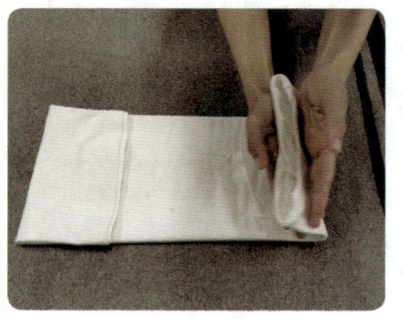

⑤以同样基准翻折领口至合适位置。

⑥下摆处形成开口。

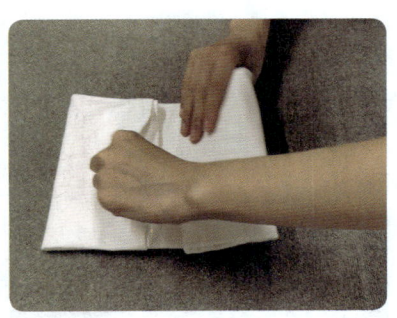

⑦将领口塞入下摆。

折叠效果

上衣——T恤（卷筒式）

①将T恤按包裹式折叠法步骤①②③折叠，双手握住领口往上翻。

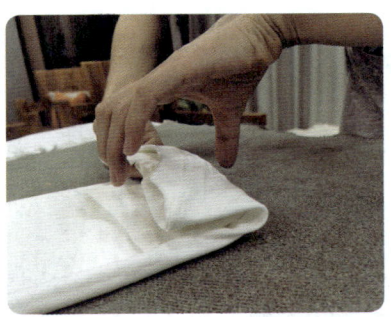

②双手形成半圆形卷叠T恤。

③卷叠过程中注意控制力道，以不松散、不紧绷为宜。

折叠效果

上衣——衬衫（三叠式）

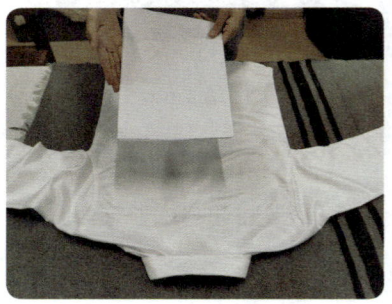

①铺平衬衫，背面朝上，取 A4 纸。

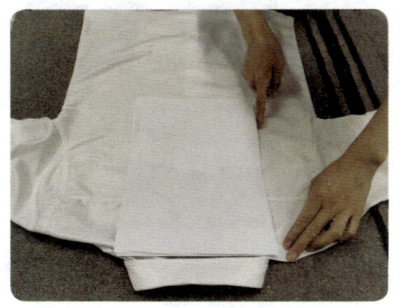

②将 A4 纸铺在衬衫中部，纸张上端与衣领下端平齐。

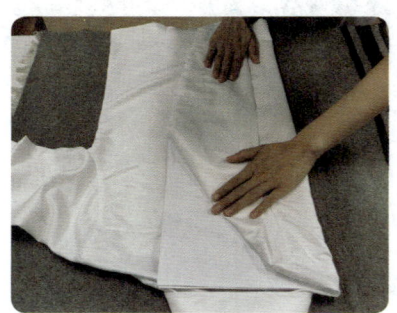

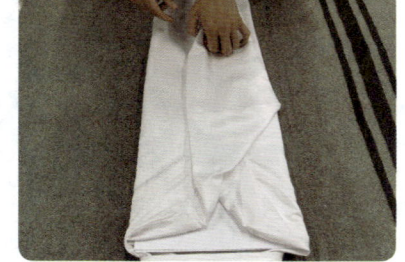

③将衬衫沿 A4 纸边缘翻折。

④衬衫腋口下端与 A4 纸下端基本平齐，取出 A4 纸，以该平齐处为基准，将下摆翻折至该位置。

⑤继续翻折。

折叠效果

上衣——衬衫（包裹式）

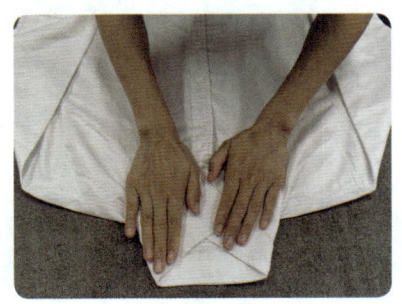

①铺平衬衫，正面朝上，将领口往上翻折后压平。

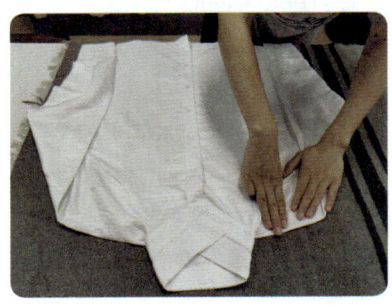

②以距离领口下缘3指宽度为基准，折叠一侧。

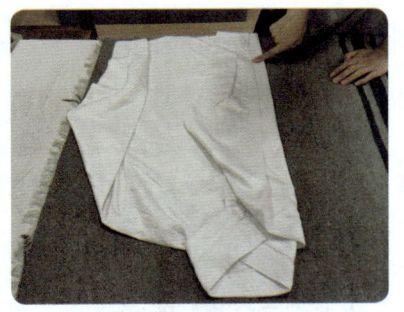

③折叠后的一侧衣袖边缘距离基准线边缘约1指关节长度。

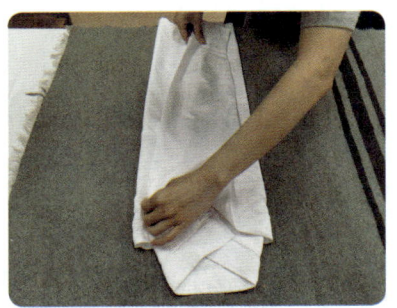

④以同样方法折叠衬衫另一侧。

整理收纳师

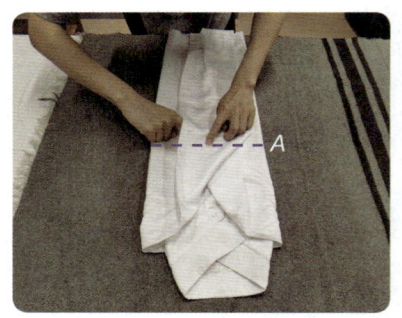

⑤以衬衫腋口下端平齐处为 A 基准线。

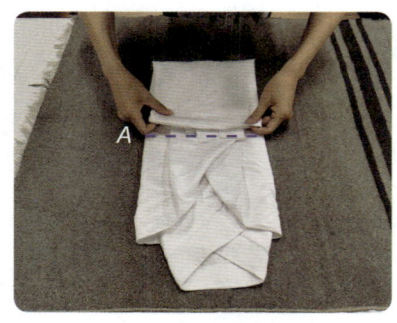

⑥将下摆往领口处翻折,下摆与 A 基准线平齐。

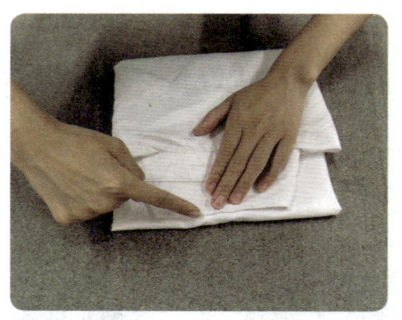

⑦继续翻折,注意领口不要超过折线边缘。

折叠效果

上衣——外套

①铺平外套,正面朝上。

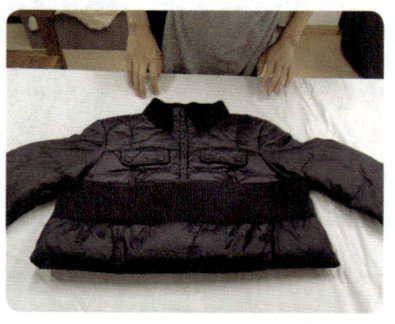

②将下摆上翻,下摆边缘与腋下位置基本平齐。

第 4 章　家庭物品整理收纳

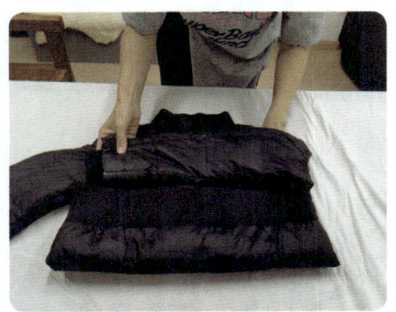

③将一侧衣袖沿腋口内折。

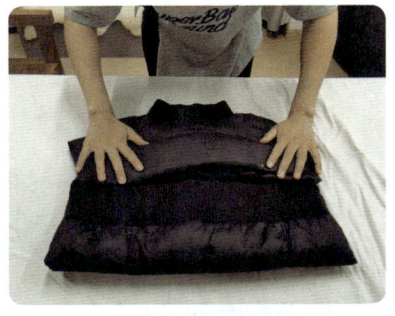

④将另一侧衣袖沿腋口内折后压平。

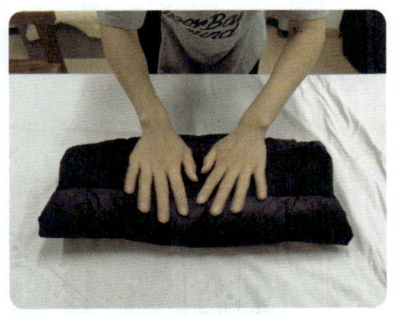

⑤将衣领与袖子塞入下摆。

⑥如果是过季收纳，可进行卷叠。

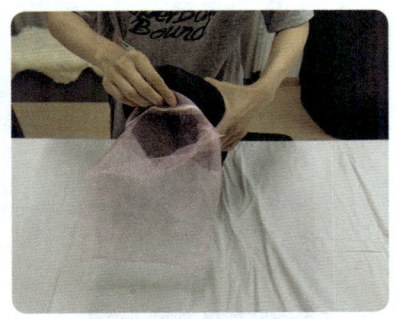

⑦卷叠后放入收纳袋或用无痕皮筋扎紧。

折叠效果

上衣——针织衫（三叠式）

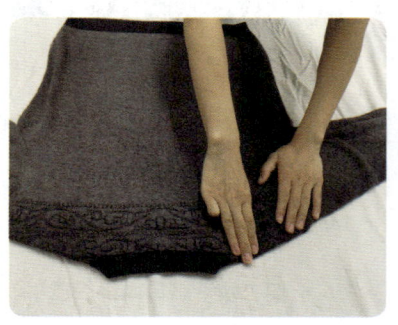

①铺平衣服，背面朝上，以距离领口约3指宽度为基准，折叠一侧。

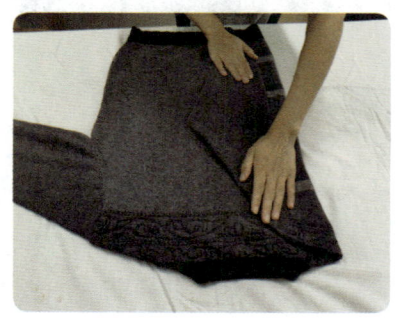

②一侧折叠后注意压平，衣袖边缘距离基准线边缘约1指关节长度。

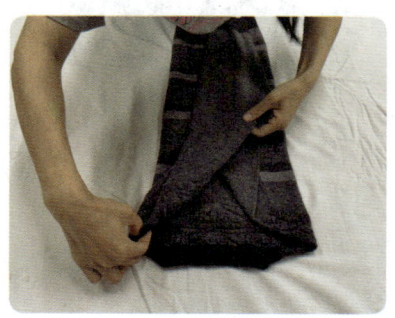

③以同样方法折叠另一侧。

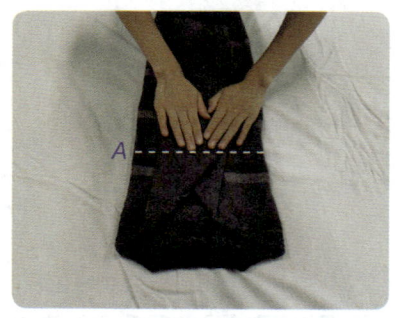

④以衣服腋口下端平齐处为A基准线。

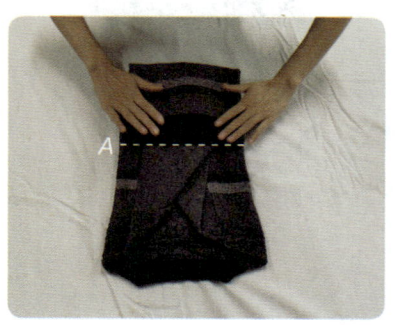

⑤将下摆往领口处翻折，下摆与A基准线平齐，继续翻折。

折叠效果

第 4 章　家庭物品整理收纳

上衣——针织衫（包裹式）

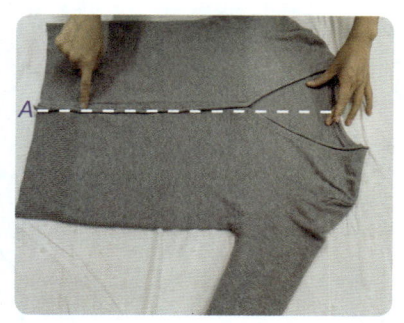

①铺平衣服，正面朝上，以门襟中线为 A 基准线。

②沿 A 基准线对折，对折后以腋下为顶点，往肩部画 B 基准线。

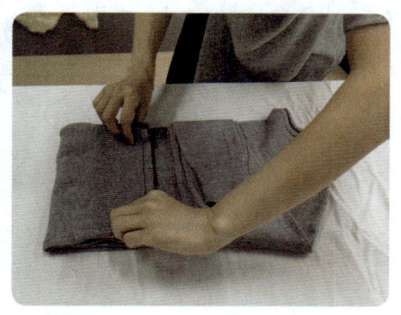

③将袖子沿 B 基准线翻折，将下摆向袖子翻折。

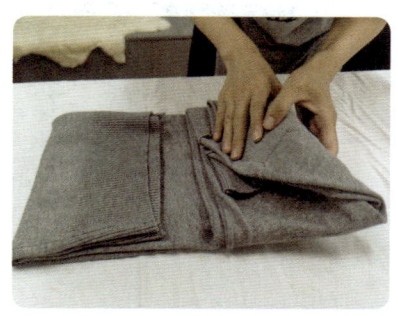

④翻折后的下摆距离袖子边缘约 2 指宽，将领口往袖子边缘翻折。

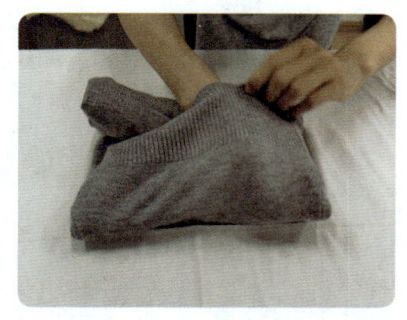

⑤将领口、衣袖塞入下摆。

折叠效果

上衣——针织衫（卷筒式）

①铺平衣物，正面朝上，以距离领口合适位置画一基准线，沿基准线折叠衣物两侧。

②从领口处以合适力道向下摆卷叠。　　　　　折叠效果

连衣裙

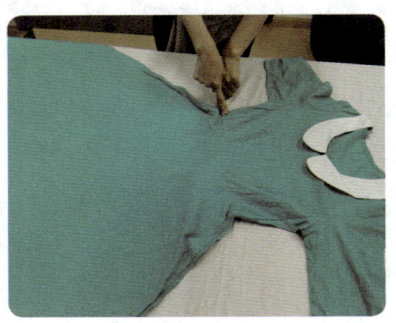 

①平铺连衣裙，以腰线为折叠基准线。　　　　②将裙子上身沿腰线翻折，将袖子内折。

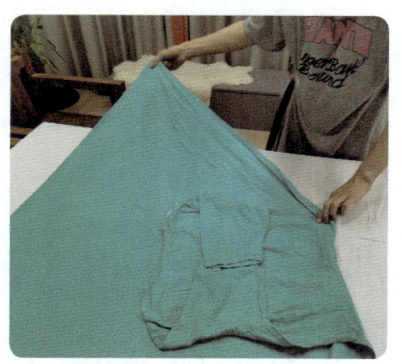 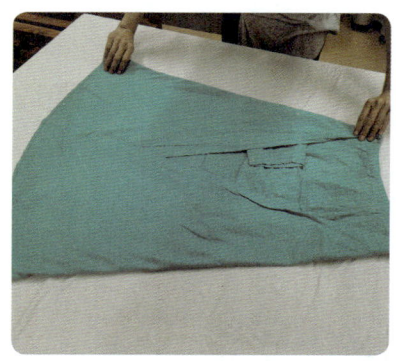

③将裙摆按大摆长裙折叠步骤①②进行折叠。

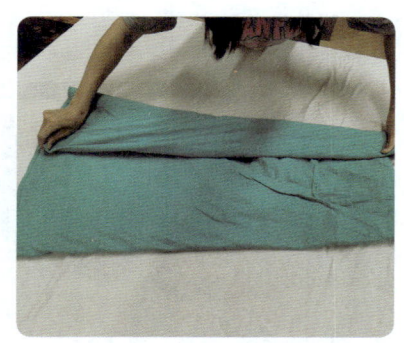 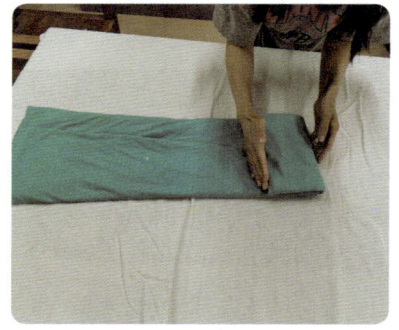

④继续折叠。　　　　　　　　　　⑤以合适宽度为基准折叠。

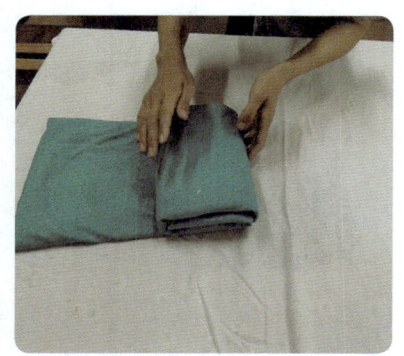 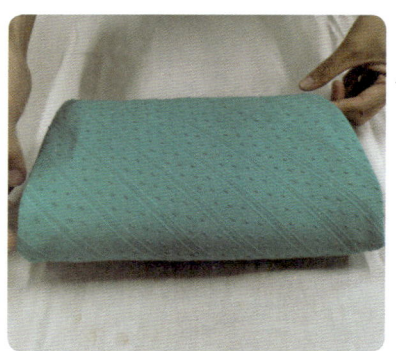

⑥持续折叠。　　　　　　　　　　折叠效果

连体裤

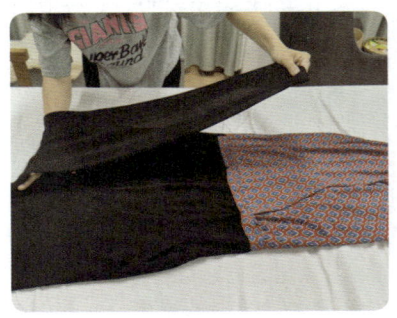

①平铺连体裤,以裆部平齐线为基准,将裤管向上折叠。

②将衣物向中线折叠。

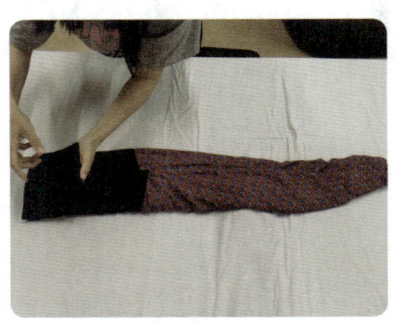

③以合适宽度为基准折叠裤管。

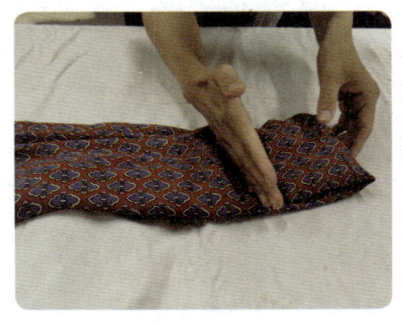

④以合适宽度为基准折叠上衣。

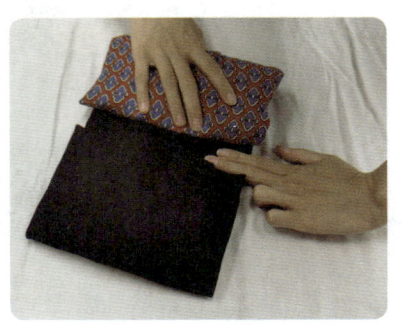

⑤折叠后的裤管与上衣相距约2指宽。

⑥将上衣塞入裤管,调整至平整。

下装——牛仔裤（三叠式）

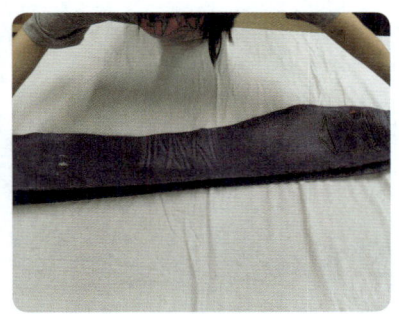

①铺平牛仔裤，正面朝上，沿裤裆中线对折。

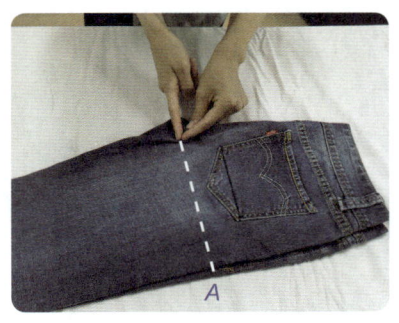

②以裆部顶点为起点，画 A 基准线。

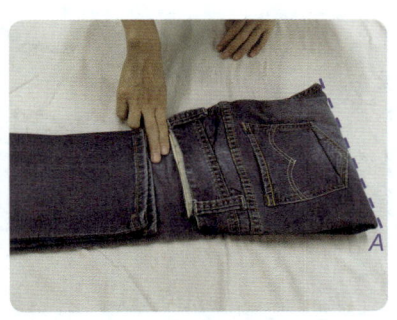

③将裤腰以 A 基准线为基准折叠，将裤腿折叠至距离裤腰约 2 指宽处。

④再次翻叠裤腿，将裆部顶点向内折。

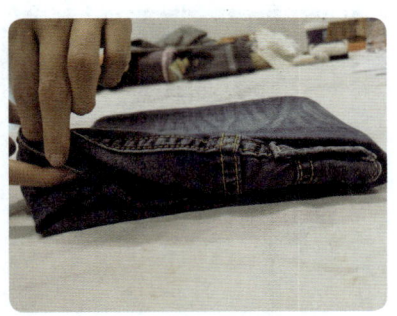

⑤调整裆部。

折叠效果

下装——牛仔裤（卷筒式）

①将牛仔裤按裤裆中线对折，再将裤腿下端翻折至与后裤兜上端平齐。

②将裆部向内翻折。

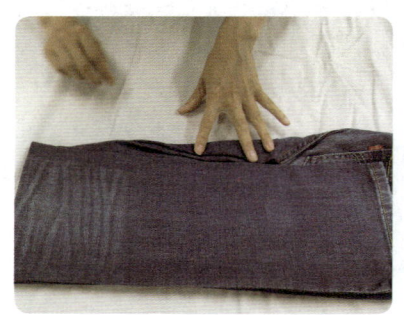

③一手压住裆部翻折部分。

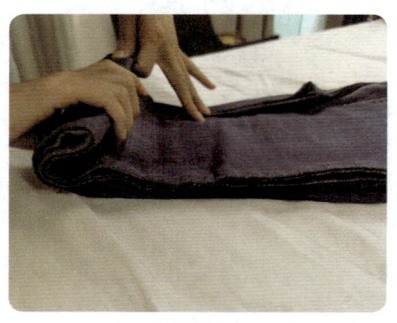

④另一手卷叠牛仔裤。

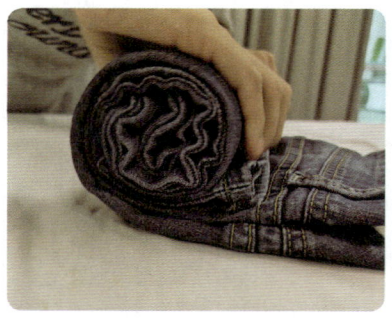

⑤卷叠过程中注意力道均匀。

折叠效果

下装——A字裙

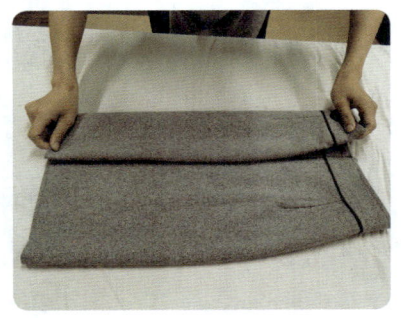

①平铺A字裙,以合适宽度为基准折叠一侧。

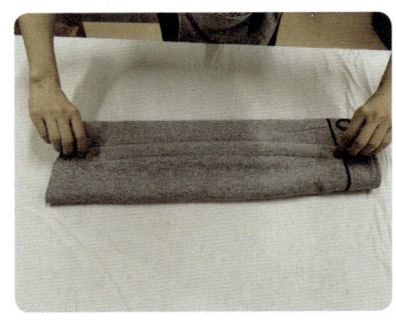

②以同样方法折叠另一侧。

③将裙腰和裙摆向内折叠,两者相距约2指宽。

④继续折叠即成。

⑤也可以将裙腰塞入裙摆。

折叠效果

下装——大摆长裙

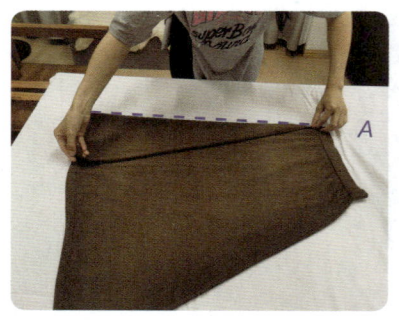

①以裙腰一侧顶点为起点,垂直向裙摆处画 A 基准线,一侧裙摆沿 A 基准线折叠。

②同法折叠另一侧。

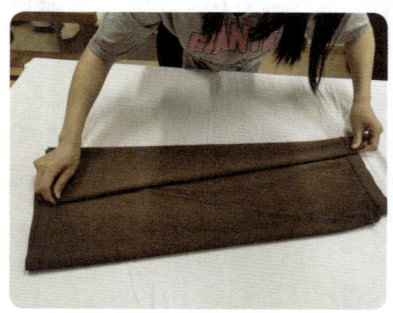

③继续向内折叠。

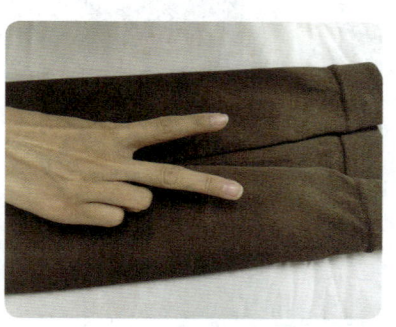

④折叠后腰部下方成"V"字形。

⑤以合适宽度为基准,折叠裙摆与裙腰。

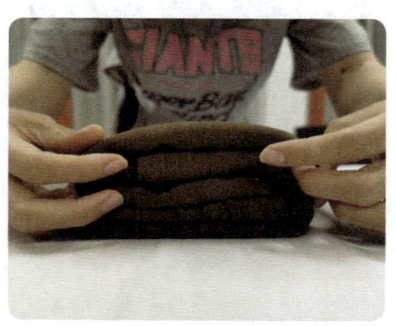

折叠效果

下装——雪纺裙

①平铺雪纺裙。

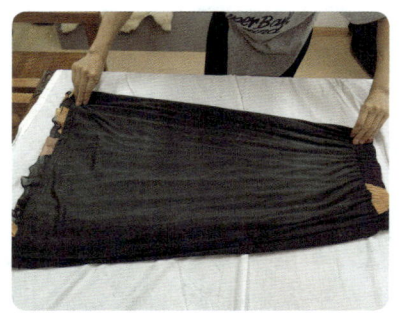

②翻折雪纺裙,将内衬作为折叠面。内衬面一般较为平整,易于折叠。

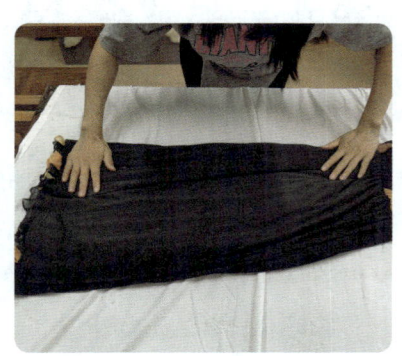

③按大摆长裙折叠步骤③④进行折叠。

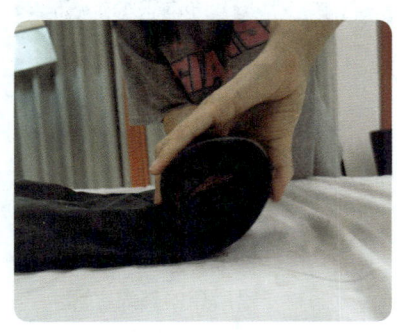

④从腰部开始向裙摆卷叠。

折叠效果

套装

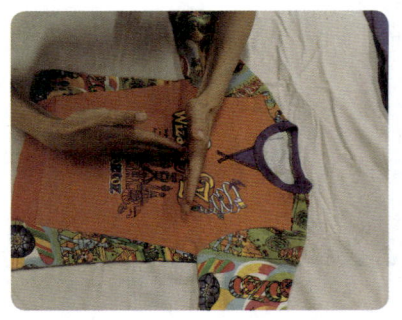

①平铺上衣。

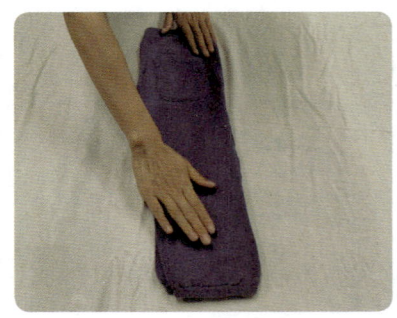

②将裤子沿裆部中线对折。

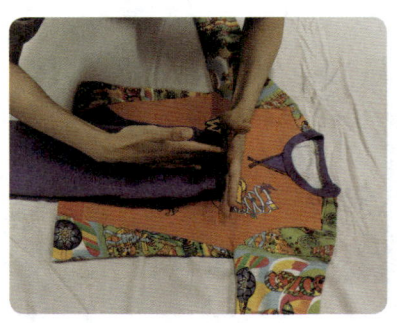

③将裤子放在上衣中央,裤腰与上衣腋下平齐。

④将上衣沿裤子边缘翻折。

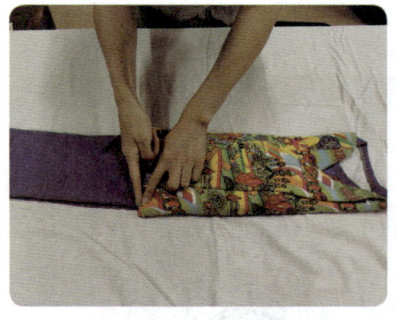

⑤上衣完成翻折后,沿上衣下摆处在裤子上压一条直线。

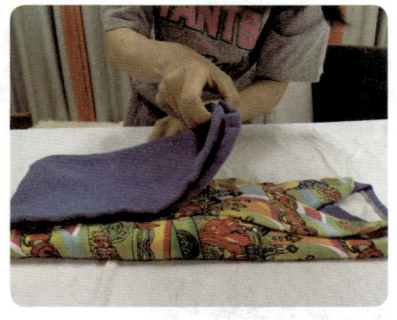

⑥将裤子沿所压的直线上翻。

第 4 章 家庭物品整理收纳

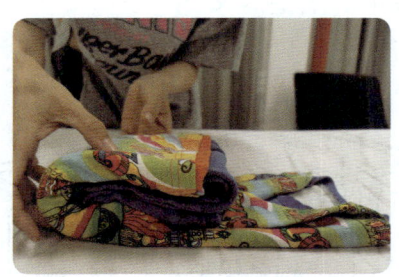

⑦将衣物下摆往领口方向翻。

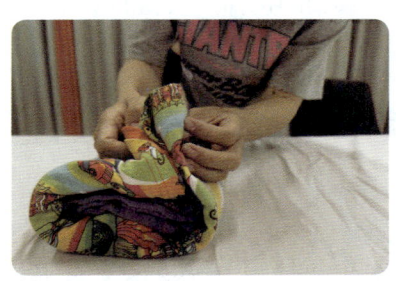

⑧将领口上翻，塞入下摆。

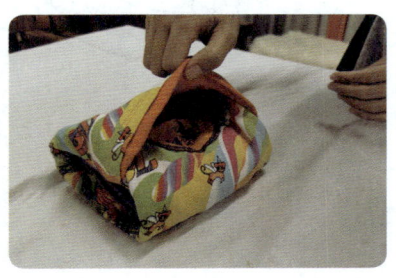

⑨将塞入下摆的领口调整至平整。

折叠效果

2. 衣物的悬挂

挺括、易皱的面料建议悬挂，如西装、西裤、衬衫等。悬挂衣物不容易起褶皱，能保持服装平整的状态；可以看到服装全貌，方便选择。

（1）衣架的选择。衣物的悬挂比较简单，为衣物匹配合适的衣架即可。

1）晾晒衣物时可选用不锈钢衣架、铝衣架、塑料衣架等，这类衣架耐湿、防水。

2）晾晒毛巾、袜子、内衣等小物时，一般选用带有夹子的衣架。

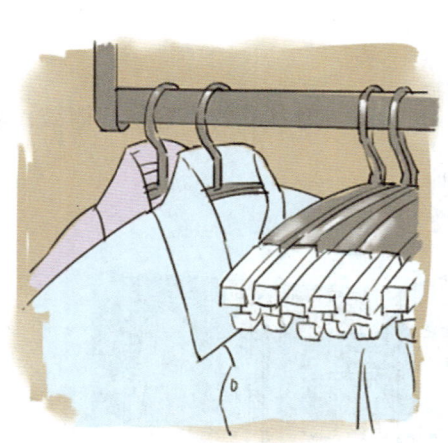

3）衣柜中的衣架尽量选用材质佳、两端带撑起的无痕衣架，这样的衣架悬挂的衣服不会出现"将军肩"。

4）裤子一般采用专用的裤架进行悬挂，既能节省空间、一目了然，又能保持裤子的挺括和版型。

第 4 章　家庭物品整理收纳

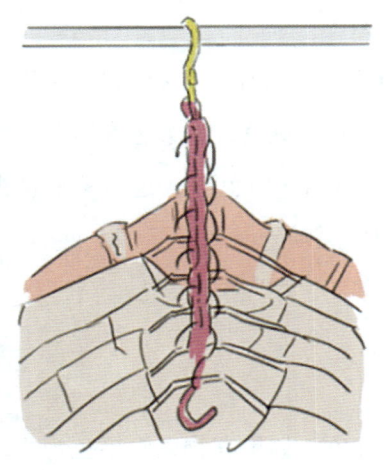 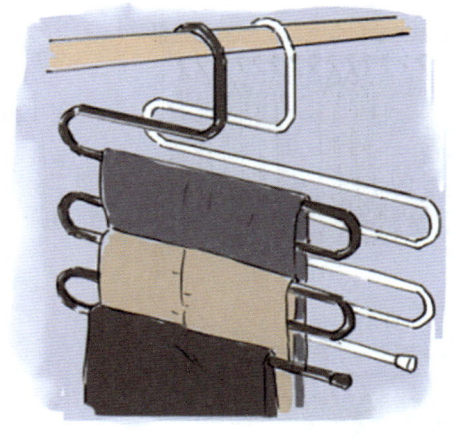

5）多层衣架可以利用纵向空间收纳多件衣物，拿取方便。

6）多功能衣架利用纵向空间和 U 形设计，可悬挂多条裤子、围巾等。

（2）悬挂的色彩。在家庭衣橱中往往只有挂进去的动作，而忽略了衣服与衣服之间的色彩协调，在服装悬挂时可以尝试用以下方式进行色彩搭配。

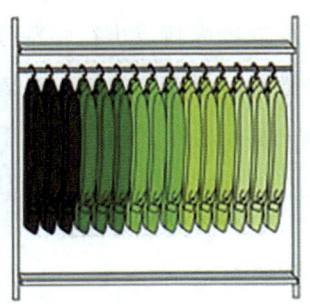

1）遵循相似色搭配。在 24 色相环上选取相邻的颜色，如黄色和绿色、蓝色和青色、蓝色和紫色、紫色和红色、橙色和红色等，这样的配色既统一又有层次感，是循序渐进的配色。

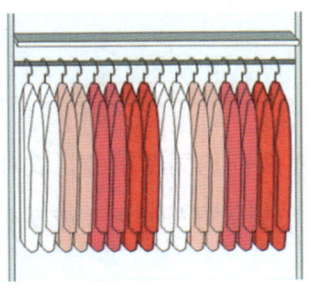

2）如果经验不足，先从同类色开始配色。在同一个色系中选取不同的深浅，如玫红和浅粉、深黄和浅黄、黑灰和浅灰、灰白和白、墨绿和草绿等。

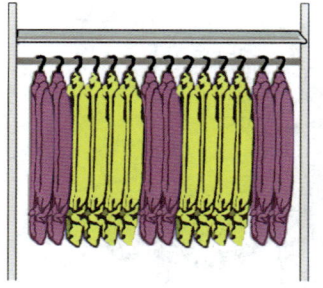

3）大胆使用对比色。对比色是指在24色相环上相距在120°～180°之间的颜色，如紫色和黄色、绿色和红色、蓝色和橙色、黑色和白色等，这样的配色视觉冲击力强烈，让空间更加灵动。

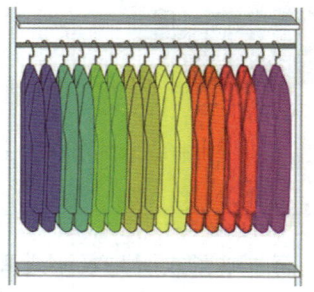

4）尝试使用彩虹色。如果衣物以鲜艳色为主，在悬挂时可以按照彩虹的颜色进行陈列，给人充满活力、赏心悦目的感受。

整理收纳师可以多观察和学习服装店面陈列技巧，根据不同衣物的特点进行整理收纳和悬挂，如将毛衫按照深至浅的颜色悬挂，百搭款的衬衣、T恤可以根据衣服本身色彩面积悬挂；也可搭配好成套服饰一起悬挂。如果对不同色彩衣物的悬挂运用不够熟练，可以参照以下步骤进行。

- 将服装按色彩分类。
- 规划好陈列在某一个柜子里衣物的主色调和配色调。
- 悬挂主色调的衣物。
- 悬挂配色调的衣物。
- 调整衣物的排列，包括位置和数量（数量多的先挂）。

在做衣服悬挂搭配时，应注意以下几点：有图案的上衣不要配相同图案的衬衣和领带；条纹或者花纹上衣配素色裤子；内外两件套搭配陈列时，色彩最好是同色系或反差明显的。

三、衣物整理收纳技巧

为了更好地利用衣柜空间，很多家庭会选择使用整理收纳工具，如利用挂衣杆、拉篮、分隔板、储物筐等分别放置不同的衣物，起到分割衣柜内部空间的作用。

1.用隔断插件分隔空间，可整理收纳皮带、丝巾、内衣等小件物品，空间可以自由组合。

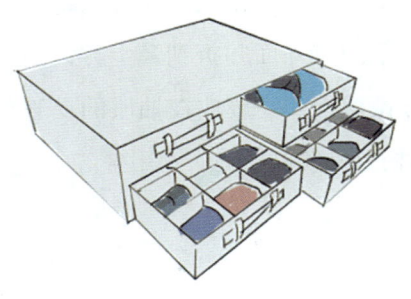

2.在抽屉中放入尺寸适宜的收纳格，分类放置领带、内衣、袜子等物品。收纳格有不同的尺寸，可搭配使用。

3.如果衣柜内的空间较大，可以自行添加分隔板，分隔板有木制、塑料等，可以将原本单一的空间划分成不同区域，便于更好地取放衣物。

整理收纳师

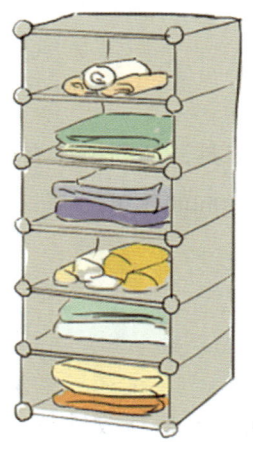

4.在较窄但是有一定高度的空间，可以选用悬挂式收纳格，可以将原本鸡肋的空间划分成多个小格，储放薄款衣物、围巾、浴巾等。

5.衣物收纳时，卷放和叠放是最为常见的整理方法，它们是将衣物按照相同规格整理堆放排列。卷叠衣物时尽量把某件衣物的典型特征翻在外面并折到最上方，如服饰的标志性图案等，方便识别。一般放在抽屉的易皱的衣物用卷，放在衣柜隔板上的较挺括的衣物用叠。

6.可以用纸盒自制袜子、内裤、丝巾等物品的整理收纳盒。

第 4 章　家庭物品整理收纳

7. 在衣柜旁边设计一排挂钩，临时悬挂可以穿搭多次的衣服。

8. 收纳过季衣物时，方便折叠的衣物用储物箱装起来放置，在储物箱外贴上标签，注明衣物种类；需要悬挂的衣物用防尘袋装好，可以防潮、防灰尘；方便折叠的大件衣物可以储存于大型储物袋内，储物袋建议选用布艺的半透明款式，方便查看。

9. 帽子、手套等可以用闲置的盒子装好，摆在衣柜上层或顶端，防尘又美观。

第 2 节　床上用品整理收纳

一、床上用品折叠

被套（床单的折叠法与被套的折叠法类似）

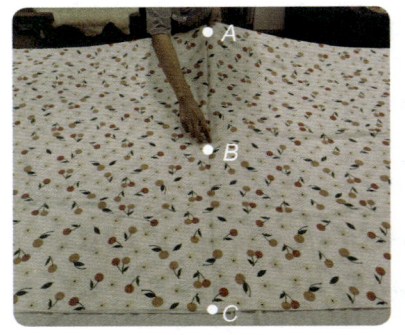

①将被套对折，在中线上取均分点 A，B，C。

②左手抓 A 点，右手抓 B 点。

③左手去抓住 C 点，A 点仍在左手中。

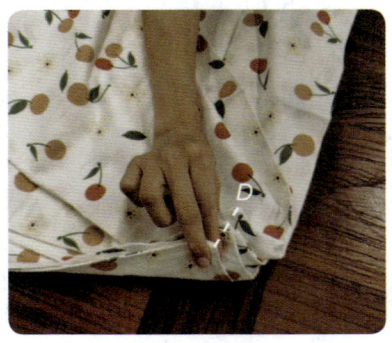

④竖直抖平，将抖平的被套平铺，整理 A，C 点同侧的顶点 D。

第 4 章 家庭物品整理收纳

⑤整理 D 点至重合。

⑥双手拉住 C 点和 D 点,抖平。

⑦以合适宽度为基准向内折叠被套。

折叠效果

床笠

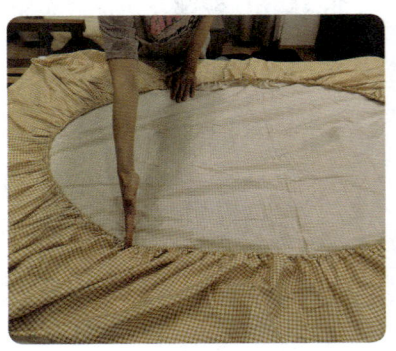 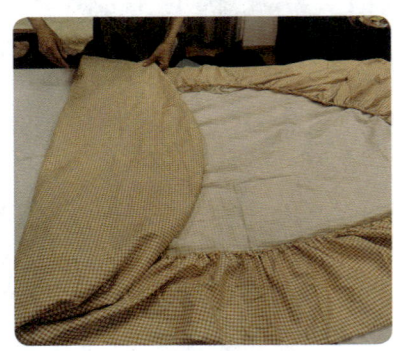

①铺平床笠,取合适宽度为基准折叠一侧床笠。

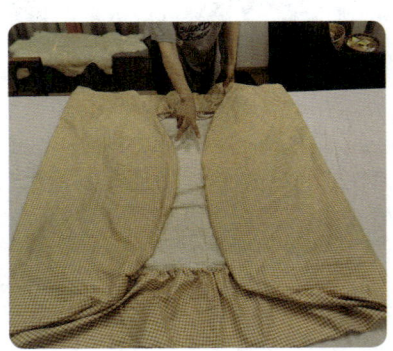 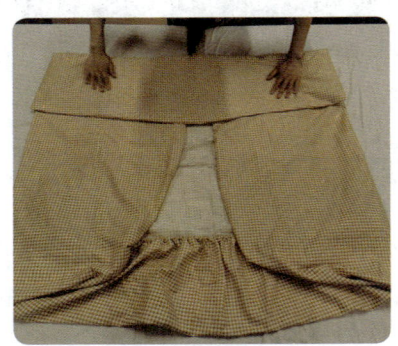

②以同样方法折叠另三侧床笠。

 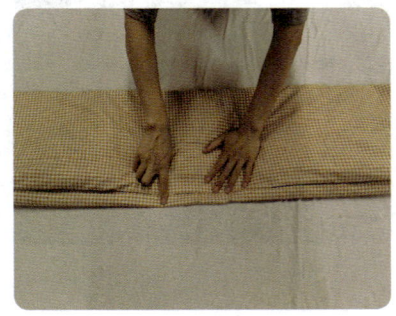

③以合适宽度为基准向内折叠床笠。

第4章 家庭物品整理收纳

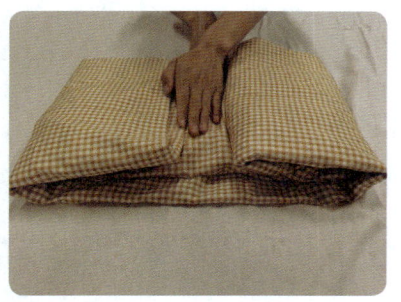

折叠效果

四件套

①将两个枕套套叠在一起，将折叠好的被套、床笠（床单）放入枕套。

②将枕套的边缘向内翻折。

③继续翻折。

折叠效果

二、不同床品的整理收纳

1. 传统棉被和化纤被

传统棉被和化纤被的整理收纳相对简单,除了不能收纳于潮湿的环境,没有其他苛刻条件。传统棉被和化纤被均不能水洗,在收纳之前要暴晒,并用藤拍充分拍打,可以用真空压缩袋进行收纳。

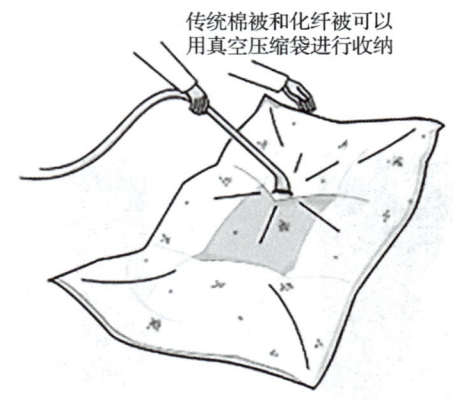

传统棉被和化纤被可以用真空压缩袋进行收纳

2. 羽绒被和蚕丝被

羽绒被和蚕丝被价格较高,保暖性好,并具有良好的吸湿性、透气性,还具有轻、柔、软等特点。羽绒被和蚕丝被比较"娇气",不能水洗,也不可暴晒,怕挤压。整理收纳之前可以将被芯放在避光通风的地方晾晒,然后用干爽的洁净被罩套起来,收纳于有一定支撑力的箱子中,不可过度挤压。

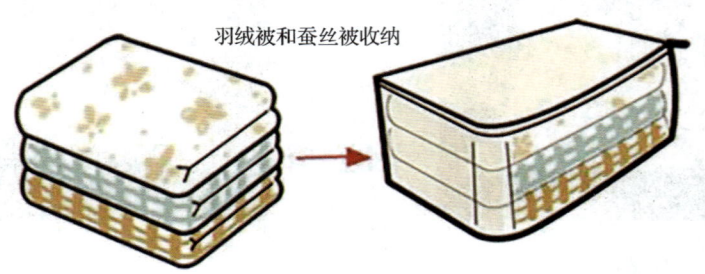

羽绒被和蚕丝被收纳

三、床上用品整理收纳技巧

1. 普通被褥可以采用卷曲法，套进收纳袋后用绳子固定，并垂直摆放，以节约空间。

2. 用于整理收纳厨房锅盖的伸缩架可以用作床上用品整理收纳架，可以根据床上用品的厚薄调节伸缩架的尺寸。

3. 床单被罩可以装进枕套里整理收纳，拿取方便，易于区分。

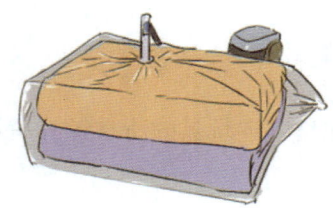

4. 真空收纳袋可以压缩被褥体积，价格不高，应用广泛，密封设计可以达到防潮、防虫、清洁的效果。但真空收纳袋不适合羽绒、蚕丝等材质，会减弱被子的柔软性和保暖性。

整理收纳师

5. 用不穿的衬衫收纳被褥，将被褥卷叠后放在衬衫中间，扣住扣子后可以完美包裹，两个衣袖可以系在中间，起稳固作用。

6. 如果空间允许，可以准备一个专用柜子收纳床上用品，用抽屉柜、收纳箱等进行整理收纳，在抽屉柜、收纳箱外侧贴上标签，注明种类。

第3节　玩具整理收纳

一、玩具整理收纳步骤

1. 教

收纳整理师除了要做好玩具的整理收纳，更重要的是向家庭、向玩具的所有者——儿童传递正确的观念。

（1）整理责任制。明确责任人，需要儿童自己整理的地方贴上一个标志。告诉儿童这是他的责任，并由父母实行定期检查，并实施奖励。例如，做得好给予一个小红点奖励，积到一定点数可以兑换想要的礼品。

（2）玩具"回家"。告诉儿童"玩具宝宝要回家"，不能随意把玩具丢下，一定是收拾好一个玩具后再玩另一个玩具，养成良好习惯。如果几个小朋友一起玩，要选一个让玩具"回家"的责任人，在游戏结束后，责任人组织大家把玩具放回原位。

2. 闻

如果有些玩具靠鼻子就能闻到异味，则一定要做清洗或丢弃处理。一些毛绒类玩具可能沾染了饮料，没有及时发现而产生异味，此类异味可以通过清洗去除；有些塑料类玩具如果存在异味，要及时反馈给家长，建议做丢弃处理。

3. 问

问主要是指在对玩具进行整理收纳时，应当适当尊重儿童的意见，保持良好的互动关系。可以把所有的玩具堆在垫子上，让儿童来判断，哪些玩具是现在要玩的，哪些玩具是暂时不玩的。如果有些玩具已破损需要丢弃，最好是征求儿童的意愿，告诉他该玩具需要丢弃的原因，让其做出决断。对于有毒有害的玩具，一样要耐心说服其丢弃。

4. 触

玩具与儿童稚嫩的肌肤亲密接触，甚至很多儿童一玩就是好几个小时，因此必须保证玩具无害且触感舒适。对于做工粗糙，触摸时有明显划刺感的玩具，要及时丢弃。毛绒玩具多的家庭要尤其注意，如果毛绒玩具变脏，会增大细菌传递的威胁，一定要及时清洗，保证清洁卫生及柔软的触感。

二、儿童房整理收纳技巧

1. 乐高积木种类多，可以按套系进行整理收纳，每个套系准备一个透明塑料盒。

整理收纳师

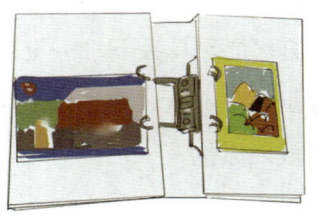

2.儿童的绘画作品、奖状等可以用相册进行收纳,有些报纸上的优秀文章也可以剪下来放入专门的相册留存。

3.可以将较大件的玩具收藏于外形可爱的篮筐中,增加玩具的趣味性。

4.图书的整理可以按照类别(益智类、故事或童话类、儿童游戏类)整理,也可以按照读书频率(常读、偶尔读、几乎不读)整理,儿童喜欢的书籍放在其触手可及的位置。

5.可以设置一个高度适中的开放式收纳架,根据玩具的使用频率和物件大小进行收纳,一般较重较大的玩具放在最下层,常用的玩具放在中层,展示类玩具放在高处。不常用的玩具可以用带盖的收纳盒盛装。

第 4 章　家庭物品整理收纳

6. 对于一些几乎闲置的破损、残缺玩具，可以准备两个筐，一个筐放有破损的玩具，一个筐放残缺的玩具。无法修复的破损玩具可选择丢弃；而那些有残缺的玩具可以先留 1 个星期左右，若能找到残缺部位可以拼凑完整，若没有找到可以选择放弃。不要舍不得丢弃残损的玩具，这些玩具只会增加储物的压力，并且埋下安全隐患。

第 4 节　饰品整理收纳

一、饰品的种类

1. 发饰

发饰包括发夹、头花、发冠、发簪、发束等。

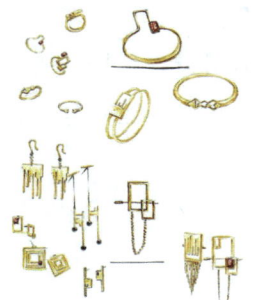

2. 首饰

首饰包括耳环、项链、戒指、手镯、脚链等。

3. 领带和丝巾
领带和丝巾的材质、图案多样。

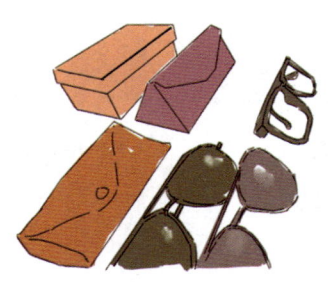

4. 眼镜
眼镜包括太阳眼镜、装饰眼镜、矫正眼镜等。

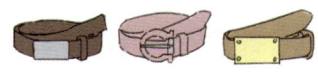

5. 腰带
腰带材质多样，以皮质为主，不同搭扣的腰带呈现不同的风格。

二、饰品整理收纳技巧

1. 通常用首饰盒来整理收纳项链、耳环、戒指、胸针、丝巾扣等小饰品。首饰盒有非常合理的分区，可以让每一个小物件都有自己的位置。

第 4 章　家庭物品整理收纳

2. 除了把首饰放在首饰盒里，也可以把各种漂亮的首饰展示出来，项链、耳环等饰物都能挂在首饰架上，在整理收纳的同时打造了一件艺术品。

3. 儿童发卡可以做成一个风帘，挂在醒目位置，既可以当作装饰品，又可以方便儿童取用和送回。

4. 用带盖的塑料分区收纳盒整理收纳饰品，其体积小，不占空间，且可以清楚看到饰品的位置。

整理收纳师

5.蛋糕模具也可以作为收纳饰品的工具,可以用废弃的衣物或餐巾对模具进行包裹装饰,使这个收纳盒更具美感。

6.擦丝器自带孔洞,是收纳耳钉、耳环的理想器具,可以根据客户的喜好将擦丝器喷成其喜欢的颜色。

7.可以采用软木板作为耳饰收纳架,用相框装裱后是一件不错的艺术品。

8.将领带、发箍、领结等按颜色深浅、图案等进行排列,放进分隔盒里整理收纳。

第4章　家庭物品整理收纳

9.耳钉可以收纳在红酒橡木塞上,将红酒橡木塞立于金属托盘,是一个不错的展示品;有些闲置的杯子可以作为饰品的收纳盒,将耳钉、项链等挂在杯沿处。

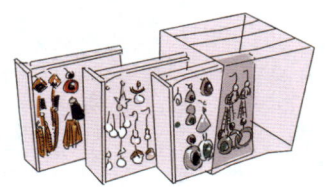

10.如果耳饰较多,可以购置透明耳饰收纳盒,将耳饰按照不同风格进行分区收纳。

11.用眼镜收纳盒收纳眼镜,既工整,又不易丢失。

12.饰品可以统一归置于专用的抽屉,方便搭配使用。

● 小贴士

饰品的保护

1.金饰、钻石应避免直接与香水、发胶等接触。
2.水晶入盒保存,如果需要清理可以用软布擦拭。
3.玉石切忌硬碰硬、高温暴晒,如果需要清理可以用软布蘸水擦拭。

第 5 章

家庭整理收纳管理

第 1 节　项目管理／124

第 2 节　客户管理／129

第 3 节　家庭整理收纳指导／132

第 4 节　整理收纳实施案例／137

第 1 节　项目管理

整理收纳在我国兴起的时间不长，职业化团队建设尚未普及，多数以个人或三两搭伙的形式为客户服务。与其他职业一样，整理收纳也需要有专业的负责人进行项目管理，让该职业进入良性的发展轨道。

一、项目管理的意义

1. 准确分析客户需求，制订切实可行的计划，针对可能出现的问题制定相应的应急措施。

2. 对整理收纳结果和客户诉求有准确定义，匹配合理的整理收纳师数量和时间，合理安排任务，提高整理收纳的工作效率和质量。

二、计划制订

1. 家庭成员信息收集

制作家庭成员信息表，记录家庭成员的家庭角色、年龄、生活习惯等。每位家庭成员的个人情况不一样，其理想的生活环境也不一样，通过对成员信息的初步收集，可以掌握这个家庭的基本情况。

家庭成员信息表					
家庭角色	年龄	生活习惯	个人用品	急需整理收纳区域	特殊要求

2. 家庭物品盘点

采取"因人分类，于物盘点"的方法对家庭物品进行盘点。可以按照不同的人（家庭角色）进行分类，如全家共用、爸爸用品、妈妈用品、儿童用品等；然后对每个类别的用品进行盘点，列出一张总体数量图；最后对数量较大的物品进行细分统计，可列出详细表格，数量较大的物品一般包括衣物、鞋子等。

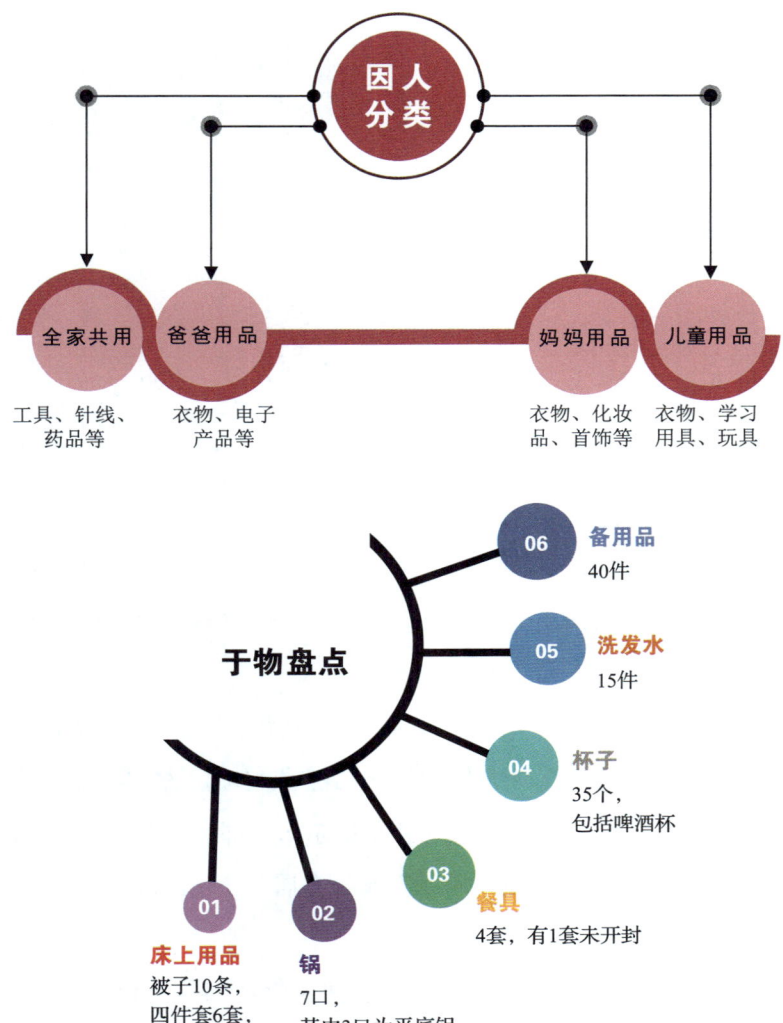

类别	名称	数量	使用频率	适用场合	春	夏	秋	冬	喜欢度	实用性	备注
外套	风衣	3	2件高，1件低	均可	√		√		中等	高	
	夹克	2	低	冬季				√	中等	低	
裤子	商务裤	4	中等	商务会议	√	√	√		高	高	
	商务休闲裤	6	高	均可	√	√	√		高	高	
	牛仔裤	4	高	均可	√	√	√		高	高	
裙子	连衣裙	6	高	均可	√	√	√		高	高	
	半身裙	4	高	均可	√	√	√		中	中	
	A字裙	4	中等	均可	√	√	√		高	高	
	礼服裙	2	低	酒会	√	√	√		中	低	
内衣	T恤	10	高	正式场合除外		√			高	高	
	文胸	6	高	均可	√	√	√		高	高	
	秋衣	3	高	均可				√	中	高	

3. 信息分析与目标制定

（1）家庭环境凌乱的原因

1）分类不明确。对物品没有分类的概念，将各种性质不一的物品存放在同一个柜子或抽屉中。

2）位置不固定。物品存放没有固定的位置，使用后随处乱放。位置不固定会造成不需要的时候一直在视野里，急需时找不到的情况，也是造成整理收纳效果无法保持的主要原因。

3）藏露不恰当。有些人觉得整理收纳就是把东西全部"收"起来，收进柜子里就万事大吉。其实整理收纳是通过正确的"藏露"来提升居家环境的舒适度，呈现居家整洁面貌的同时，便于家庭成员的日常生活。

4）设施不合理。储藏室或储物柜内的存放空间未合理分隔，常见的是储物柜内的隔层空间太大，造成空间的浪费；客户没有巧用收纳工具的意识，不能合理利用已固定的空间。

（2）根据客户的需求制定整理收纳目标。与客户沟通，了解其所希望达成的改变目标,并且评估达成这个目标的可行性,制定可行的目标。如果客户的目标与原状态差别过大,整理收纳师需与客户沟通,摆事实、讲案例,根据实际情况给出合理、具体、可执行的目标。如果客户对整理收纳没有具体目标,完全交给整理收纳师实施,那么整理收纳师要利用自己的专业知识,为其制定好目标,并告知其大致的流程。整理收纳目标一定要与客户充分沟通,形成一致的意见。

4. 列出工作计划

(1)工作排序。预估整理收纳工期,这一点在整理收纳项目中非常重要,"估准"可以在一定程度上取得客户的好感,给人留下专业的印象。如果因为预估有误,也不要惊慌,应本着实事求是、真诚的态度与客户沟通,坦诚前期预估时在某方面的失误,取得客户的理解。

(2)资源配置。资源包括人力和物资。先根据客户的实际情况和现有资源,结合整理收纳师自身优势,遴选及确定团队成员,并赋予责任,明确每个人的任务及要达到的结果。人力资源整合完毕再考虑所用的物资,包括器材、耗材和特殊资源。

三、现场执行

整理收纳执行是指正式开始为客户进行整理收纳活动。

1. 明确分工,团队协作

进入客户家工作前,需要召开项目启动会,鼓励项目小组成员完成此次任务的同时,明确此次项目的要求和要达到的效果,让小组成员各司其责,相互配合,明确自己的责任,并做好团队协作。

每次项目实施前,在小组中确定一名组长,统筹安排现场工作的问题沟通及紧急情况处理。组长必须公平对待团队成员,如果成员出错,不可在客户家训斥成员或让其停止工作,应态度平和地辅助其弥补错误。如果小组成员中有新手,组长要特别加强过程监督和辅导,最好指派一位熟练的人员对新手进行带教。

2. 有效沟通,及时调整

项目执行过程是对计划可行性和人员能力的检验,在整理收纳实施过程中尽量不打乱既定的工作流程和内容,以保证整理收纳项目在既定的时间达到既定的效果。如果客户提出新的要求或者要求改变某一区域的功用,整理收纳师不可盲目听从客户意见,也不可没有商量余地地拒绝客户意见,应在尊重客户意见的基础上进行充分沟通,双方达成一致意见后再进行调整。

四、评估总结

整理收纳评估总结是指对整理收纳过程、结果进行科学公正的评估与总结。完成客户家的整理收纳任务后,小组成员进行总结,总结此次整理收纳实施中的工作亮点和工作困难,相互交流经验,以便提升各自技能。在小组成员总结后,指派人员进行评估总结报告的撰写,一般包括区域、时间、参与人员、现场描述等内容。

区域		时间	
参与人员			

现场描述:

新置办器具的合理性:

计划执行情况:

工作难点和亮点:

需要完善的地方:

持续保持建议:

第 2 节　客户管理

好的客户管理是在了解客户需求的基础上，以客户为中心，以客户满意为宗旨，通过提升服务品质来获得客户的信任与支持。

一、客户档案的建立

1. 客户档案信息的作用

做好客户档案管理对于整理收纳企业的日常运营和长远发展有着重要意义。完成客户信息的收集和记录后，整理收纳企业就拥有一份完善的客户档案。不过，记录工作只是客户档案管理的开始，只有合理应用，才能发挥客户档案的真正价值。

（1）详细了解客户。一份完整的客户档案详细记录了客户的各类信息，这些信息可以方便整理收纳师进一步了解客户，掌握客户的喜好，做到投其所好，为其创造贴合需求的居家环境。

（2）统计分析数据。客户档案是行业发展及业务状况的有力依据。客户档案可以帮助企业统计出客单周期、客单价等，方便企业了解店内项目的市场认可度，方便研究和创新服务形式和服务内容。

（3）客户信息共享。很多客户认的是整理收纳师，而非企业，所以存在整理收纳师离职带走客户的情况。如果客户的信息仅掌握在整理收纳师手中，一旦其离开，就会造成客户流失。如果企业将客户档案做到透明化，店内每一位整理收纳师都对客户情况有一定了解，就能在很大程度上避免客户因整理收纳师的离职而流失。

2. 信息反馈

信息反馈是指及时发现计划和决策执行中的偏差，并进行有效控制和调整，如果对执行偏差反应缓慢的话，就会造成工作失误。因此，管理中的追踪检查、监督和反馈都有着重要的作用，定期对各种数据、信息做深入分析，通过多渠道建立快速而灵敏的信息反馈系统。及时、有效、正确地将目标、差距、成绩、问题与整理收纳师沟通，有助于整体业务指标的实现，减少不利于企业运营的现象。

客户档案信息应定期清理、更新，不得随意更改，不得遗失。

二、客户投诉的处理

整理收纳过程中的突发事件很多，面对客户投诉，整理收纳企业应有规范的处置流程和赏罚机制。

1. 投诉受理

认真听取客户反映的问题，并做详细记录。记录要素包括时间、事由、当事人、客户诉求、客户联系方式等。对现场投诉且情绪较为激动的客户，要以缓和客户情绪为主，听取其意见，待其情绪平稳后再行解释，给出解决方案。切忌与客户据理力争，激化客户情绪。

2. 调查核实

收到客户投诉后，应本着公正、严谨的态度进行调查核实，可通过调阅监控录像、询问当事人、询问目击者等方式对客户反映的情况进行核实。

3. 依据处理

根据调查核实的情况，如果责任在我方，应立即向客户致歉，取得谅解，并提出处理意见；如果责任不在我方，应向客户耐心解释，争取其理解。如果是客户无故发泄其负面情绪，应运用语言技巧加以劝慰、说服。

4. 答复反馈

征求客户对处理结果的意见，如果客户不满意，应进一步与客户沟通解释，并确认后续跟进负责人。

5. 归档入册

投诉处理结束后，要认真填写客户投诉处理情况表，及时做好客户投诉分类归档和统计，并定期进行投诉分析。

相关链接

客户投诉丢失财物的处理

1. 接投诉

（1）接到客户丢失财物投诉后，应立即通知相关人员。

（2）负责人立即联系客户见面，了解情况。

（3）如果涉及偷窃或金额较高，应及时报警。

2. 听取客户反馈

认真听取客户对现场情况、丢失财物的陈述，主要包括以下几点。

（1）是否还有其他物品遗失。

（2）财物细节的说明，如名称、种类、型号、数量、特征、新旧程度、特殊标记、有无保险等。

（3）最后见到所丢失财物的时间。

（4）丢失财物的准确地点、位置。

（5）丢失前是否有人来过该房间，如亲朋探望、工程维修、洗送衣物等相关人员，失主有无怀疑的具体对象、怀疑的依据等。

3. 现场查找

征得客户同意后，在客户见证下，负责人戴全新一次性手套进行现场查找，主要对床底、柜子与墙壁的缝隙处、抽屉最内部等位置进行仔细查找。

4. 与整理收纳师进行沟通

与此项目的整理收纳师进行逐一谈话，了解整理收纳过程中的异常情况。涉及两人以上的，要分别谈话并注意保密。

5. 事件处理

（1）要尽快对排查出的重点嫌疑人员取证，做到情节清楚，准确无误。

（2）如果整个事件是误会，双方解除误会即可。

（3）如果是偷盗行为，客户愿意私下解决的，由企业进行赔偿，之后根据企业章程对员工进行处分；如果客户不愿私下解决，则交给公安机关处理。

第3节　家庭整理收纳指导

一个优秀的整理收纳师，除了做好整理收纳工作，也能向客户提供家庭整理收纳指导，让客户更好地维持家庭的整洁度。本书将介绍整理收纳师对客户的指导内容。

一、正确认知

建议客户在进行整理收纳前，先考虑以下几个问题，以对家庭整理收纳有一个正确认知。

1. 你的日常生活习惯是怎样的？

每个人的日常生活习惯决定了物品存放的位置和先后顺序，只有经过仔细分析观察和沟通，才能制订出适合的整理收纳方案。

2. 你喜欢何种整理收纳方式？

你和家人是喜欢封闭式的整理收纳方式，还是开放式的整理收纳方式？两种整理收纳方式都是对物品进行整理收纳，不同的是封闭式需要的是巧妙规划，开放式需要的是陈列技巧。

3. 你是否发掘了家居空间的整理收纳潜力？

在选购功能性、必需的家具时，最好考虑它同时具有整理收纳功能。很多时候你会觉得家里的空间并不小，但总感觉家里的东西没有地方放，原因可能是在规划整理收纳空间时没有想好如何对家里物品进行系统归置，要充分发掘一些可利用的小空间、低矮空间。

4. 你是否了解家里现有的整理收纳器具个数和作用？

家里物品太多、太乱时，第一反应就是买收纳器具放置，盲目购买只会让家里更加凌乱。清楚知道家里现有整理收纳器具的个数和作用才能更好地进行空间规划，让每一件物品各归其位。

二、习惯养成

整洁的家居环境会使人身心愉悦、放松，可是生活中往往无法维持居家整洁的状态。整理收纳师在整理收纳时或后期进行客户回访时，要多向客户传递正确的整理收纳观念，让客户养成良好的习惯。

1. 养成好的置物习惯

（1）理性购买。在买任何东西之前牢记"九字真言"——我喜欢、我需要、我适合。不要因为东西廉价或者打折而进行疯狂采购，一定要问一问自己这些东西是家中紧缺的吗？家中是否有足够空间存放？这些东西是否可以在保质期内用完？在得到肯定回答后，再购置或接受这些物品。

（2）摒弃"不要白不要"的念头。有些人抱着"不要白不要"的心态接收了一些二手物品和赠品，但是在自己的实际生活中，这些物品也是闲置物品，只是占据了自家的空间而已，得不偿失。

2. 养成为物品"减肥"的习惯

为物品"减肥"，其实就是对物品进行"断舍离"，"断舍离"通俗来讲就是"扔东西"，但是怎么扔、扔什么至关重要，建议以"需要、合适、愉快"为标准进行取舍。

（1）不需要的物品。不需要的物品是指日常生活中几乎不会用到，有或者没有并不会影响生活的物品。

有些家庭的厨房里是不需要物品的"重灾区"，堆积了各种各样的物品。例如，烘焙的时候买了一堆烘焙家电和周边，从称量器、揉面机、面包机、烤箱，到各式模具、擀面杖，应有尽有，但是很多人都只是一时兴趣，之后这些物品都成了"弃之可惜"的鸡肋品，可能一年都不会使用一次，这个时候就要做出取舍，如果家中空间足够，那么可以专门设置一个柜子存放；如果空间有限，就要"狠心"处理。

（2）不合适的物品。不合适的物品是指随着时间的流逝、阅历的增长而不再适宜的物品，有些原本心爱的衣物随着体重的增加而不再合身，有些购置多年的小电器功能已经落伍，等等。

（3）不愉快的物品。物品本身没有愉快或不愉快的属性，不愉快是人在使用物品时产生的心理感受。例如，有些人喜欢收藏一些物品，每一次旅行或者出差都要购置纪念品，导致家中的纪念品越来越多，很多只能藏在柜子里，每次看到的时候觉得"躺"在柜子里占空间，但是扔掉又太可惜，犹豫不决会让人陷入不愉快的情绪中。

3. 养成归位的习惯

归位是指物品使用完毕要放回它原先的位置。要使家里呈现井然有序的状态，物品除了同类分类、摆放在固定位置外，还要记得使用后归位。

归位的习惯养成要从小事做起，从每一件事情做起。如果物品太多记不住，可以在相应的器皿上标识符号，多提醒家庭成员把用好的物品放回原来的位置，逐步养成归位的习惯。

归位要及时。例如，从超市采购回来，有些人喜欢把采购品放地上或桌上，其实这些物品的归位只需要几分钟，先归位再休息可以保证居家环境的整洁。一定要避免拖延症，以免养成散漫的生活习惯。

三、共同维持

1. 形成正向的家庭整理收纳氛围

欲正人，先正己。整理收纳应该从自己做起，而不是用抱怨或语言暴力去发泄自己的不满，应该用实际行动去感染家人。不管有多凌乱，都要"不退缩、不中断、不放弃"。

用积极的态度感染家人，向家长传递"整理收纳是一件趣事"的理念，吸引家人一起加入。反之，如果你自己觉得整理收纳是家务活，就是卖苦力，干活时唉声叹气甚至抱怨连连，家人也会对干家务避而远之。让家人看见整理后整洁的成果，鼓励大家一起参与整理，并给予肯定。

2. 立规则的同时，留有一定通融空间

家庭整理收纳是为了提高生活质量，制订家庭整理收纳规则是为了给家庭成员一个参考依据和标准。家是有温度的地方，不要把规则定得过于严苛。每个人的性格、生活习惯都是在一朝一夕间养成的，不会在短期内立刻达到理想状态，要有一个循序渐进的改正不良习惯的过程。在家庭成员实施规则的过程中，多做交流，一起完善规则，保持家庭规则的灵活性，也让所有成员在这个过程中逐渐养成整理收纳的好习惯。

3. 独立分散与集中管理结合

独立分散的管理方式就是对家庭的一般物品进行分散保存、单独使用的方式。凡是由个人使用的物品，如个人的衣服、鞋、帽、书籍等"承包"给个人管理，包括"使用权"和"处置权"，自己决定物品的去留。采用独立分散管理方式的好处是可以调动家庭成员的积极性，形成自我约束并且有一定的责任心，减少不必要的家庭矛盾。这种方式适合于一家三代或四代同住一起的大家庭。

对家庭中共同使用的物品实行集中管理，如公共区域的客厅物品、厨房用品、储物间物品等。一般情况下，分散管理的物品数量相对多，集中管理的物品数量相对少。家庭成员应形成约定，共同维护物品的有序，维持居家环境的舒适。

4. 设立家庭整理收纳日

家庭成员共同讨论决定某个月的某一天为"家庭整理收纳日"，在家庭整理收纳日，除了整理各自的物品、公共的物品外，还可以讨论需要添置的器具、需要淘汰的物品、需要扩展的空间等，大家畅所欲言，形成一致意见后付诸行动。设立家庭整理收纳日不仅可以促使家人养成爱劳动、讲卫生、重整洁的好习惯，也有助于形成更好的家庭氛围，使生活更加幸福美好。

四、日志记录

整理收纳日志记录的功能主要有两个，一个是记录，一个是修正。它主要记录物品整

整理收纳师

理收纳后使用的感受、不合理的地方、改进建议等。

1. 定好记录人

记录人是家庭整理收纳的核心人员，其清楚家中物品的主要种类、每个人的生活习惯及使用习惯，将日常观察和实践的过程记录下来，方便在"家庭整理收纳日"与家人们沟通。

2. 记录要尽可能详细

记录物品使用过程中的便利程度、使用频率、与周边家具或物品的协调度等。

3. 不拘泥记录形式

家庭日志形式很多，可以是文字、照片、彩贴等。但不管是什么形式，都应该记录在册，不可以随记随丢。

4. 要学会积累

可以把日志按月、年加以保存，以供日后查看，达到空间优化和改进的目的。

小贴士

家庭物品管理有"六常"

常分类：按照物品的使用频率或属性进行分类，不要将物品混放。

常整理：及时清理不用的物品或破损的物品，把"偶尔使用的物品"数量降到最低，然后井然有序地进行摆放，在不透明的收纳箱上粘贴物品标签。

常清洁：整理完毕后对工具进行清洁，定期对居家物品进行清洁。

常维护：对前面三项的成果进行维护。

常规范：规范家人的行为，督促家人养成良好的行为习惯。

常示范：对整理收纳意识不强的家人进行示范，特别是儿童，要耐心地教导儿童学会整理、归位。

第 4 节　整理收纳实施案例

一、案例背景

陈阿姨是一个退休多年的老太太，居住在所谓的"老破小"小区，房子的面积大约在 50 平方米。目前主要是陈阿姨和其先生居住，先生姓李，偶尔孙女也会来留宿。

陈阿姨说，孙女的老师来家访，但是连个坐的地方都没有，让她感觉十分尴尬，正好在社区听了我的讲座，就联系了我，希望我可以让她的家焕然一新。

二、实施过程

1. 了解居家环境，进行初步沟通

第一次走进陈阿姨的家，我有些震惊，家中的人口其实不多，但是物品塞得满满当当，桌子上、椅子上、过道里都塞满了物品。

我问陈阿姨："你是不是很爱收藏东西？"

陈阿姨有一点羞涩，又不由自主露出骄傲的神情，她说："是呀，我女儿出嫁很多年了，但是我还留着她出生时的、10 岁生日的、上大学的衣服，还有我跟我爱人结婚时的窗帘，我都留着呢。"

"有些有纪念意义的衣物和物品能够收藏着也蛮不容易的，如果只是收藏这些的话，家中应该也不会这么满。"我提出了自己的疑惑。

"她就喜欢把东西都往家里带，不知道带了多少购物袋、宣传扇回来，还有女儿的旧衣服，每次去女儿家都带一堆'宝贝'回来，还有纸盒子，都舍不得扔，都是她的'宝贝'……"李叔叔在边上说道，语气中有不满，也有无奈。

整理收纳师

"为什么想留下这些东西?"我问陈阿姨。

"纪念一下,留一个念想。"陈阿姨说,"我年龄大了,其实能穿的就那么几件。"

"那让你丢弃,你愿意吗?"我问陈阿姨。

"万一要用呢?又要买……"陈阿姨的不舍立马冒了出来。

我把每个房间的格局和物品都检查了一遍,并做了记录。我了解到陈阿姨的先生平时比较"宅",喜欢摆弄些花草。

2. 分类清理

为了让陈阿姨和其先生对整理收纳有个清晰的概念和接受的过程,我决定放慢整理收纳周期,今天是正式登门的第一天,只做"清理",不做其他。

(1)我让陈阿姨、李叔叔描绘理想中的家的模样,并根据他们的描绘画了家居简笔画给他们确认,他们连连点头,非常憧憬整理收纳后的"新面貌"。

(2)我让陈阿姨、李叔叔罗列出自己比较多的物品及其他物品。

陈阿姨	李叔叔	其他
衣服(大量,有很多压箱底) 鞋子	盆栽 衣物(强调了5套西装) 鞋子	女儿的衣服 孙女玩具 被褥 包装袋、鞋盒

从列表上看，他们的物品种类并不多，是常规家庭里常有的物品。我说："其实你们家之所以显得乱，主要是囤积了太多用不上的物品，很多东西囤在家里吃灰，影响了你们的舒适度，长此以往，也不利于你们的身体健康。"

（3）接下来要做的工作是挑选。我让陈阿姨、李叔叔分别把认为多的物品摆出来，按陈阿姨的物品、李叔叔的物品、其他物品分区域摆放。

我拿出两种颜色的便签，红色的便签交给陈阿姨，请她贴出她不想要的物品；绿色的便签交给李叔叔，请他贴出他不想要的物品。通过单人判断进行的方法，让老两口重新审视自己未来的生活需要，让他们各自思考后做出决定。

对于贴过便签的物品，给他们5分钟时间进行讨论，允许他们"反悔"1次，可以从贴了便签的物品中取回1件。经过两人讨论，他们并没有撕下已贴的便签，反而又多贴了几张便签。

陈阿姨说："小幸啊，上次听你讲课就觉得很有道理，今天你来了我家，现场给我一讲，我觉得心里更敞亮了，也终于下定决心该扔就扔了。"

我说："陈阿姨，李叔叔，你们都很棒，很快就理解了整理收纳的要点，咱们马上就可以呈现这个家最清爽的面貌啦。"

就这样，我们相互"吹捧"，热闹又开心地理出了4麻袋物品运往垃圾站。

3. 二次判断和整理收纳

第二天的安排是进行二次判断，再扔掉一批东西，然后进行整理收纳。我上门的时候，老两口已经在小区门口等着我了，他们有着孩童一样的兴奋，跟我说就盼着快点整理完，马上孙女要放假了，要给她一个惊喜。

进入陈阿姨家，我说："昨天我们一起干了件大事，扔掉了一大批物品，但是其实还有一些东西也没必要留下来。所以现在，我需要你们为物品讲故事。我把我认为要丢掉的物品指出来并告诉你们原因，你们说出不扔的原因来说服我。如果我被你们说服了，就保留这件物品。"

一开始，陈阿姨很动情地讲着每一个物品的故事，讲着讲着她会发现，好像故事都是一样的，其实很多物品的用途也大同小异。陈阿姨恍然大悟，同意丢弃这些物品。

整理收纳师

我们在整理的时候按照物品类别进行整理收纳，而不是按照空间。因为单一的客厅或者卧室并不适合整理收纳其中某一类物品，我们按照使用场景化零为整进行了整合，整合的目的是让陈阿姨和李叔叔进行二次选择。

我把陈阿姨作为纪念的三大箱衣物留下了十件作为纪念，用真空压缩袋保存这些物品；减少了房间里一个异形柜子，目的是给空间做减法，让陈阿姨没有多余的空间去储放无用的物品；我带来了一块浅色桌布，主要是考虑大面积的深色家具、较深颜色的地板和门会让空间显得局促，用浅色桌面进行中和，可以让家显得更有温度；丢弃了原先在衣柜上方的层层叠叠的鞋盒，用三个大号收纳箱取代，收纳箱存放了家中的大件被褥、冬装等，也充分利用了衣柜上方的空间。

到这个阶段，已经可以看到明显的变化。

丢弃、整理了原本凌乱的桌面，铺上浅色桌布

丢弃了一堆无用的盒子，用大号收纳箱归置家中大件物品

4. 完善细节

隔了三天后，我再次来到陈阿姨家，隔了三天再给她整理是希望这三天给他们缓冲，让他们去感受家庭环境的变化，并对不便利的地方提出意见，以让我协助他们完善细节。

陈阿姨很热情地跟我说："整理后，我们的心情变好了，两口子的斗嘴都少了。我现在就两个意见，一个是很多衣服用箱子收起来了，感觉找起来不方便；另一个就是我爱人的盆栽，我希望你可以说服他精简一些，把阳台空间腾出来至少一半。"

接下来的一天里，我与陈阿姨把让她不舒服的整理收纳箱逐一进行了整理，我们把老两口的运动服和宽松类的衣服全部挂在衣柜里，对一些大衣进行了折叠收纳，舒服才是老年人喜欢且适合的着装方式。

然后，我去阳台看了李叔叔的盆栽，其实李叔叔的盆栽数量并没有特别多，只是因为全都"摊"在阳台上，导致没有"下脚"之处。我量了花盆的尺寸，然后在网上挑选了一款尺寸合适的花架，我拿给李叔叔看："您看这个花架怎么样？您的盆栽都可以留下来，还能节省阳台空间，两全其美。"李叔叔很开心地赞同了我的方案。

盆栽整理收纳效果

三、总结

整理收纳是一项技能，也是提升家庭生活质量的重要途径。很多人觉得整理收纳针对的是大别墅、大平层的"有钱人家"，其实不然。任何家庭都需要进行整理收纳，每个人都可以成为家庭整理收纳的小能手。家是温暖的港湾，家的温度需要加法，欲望需要减法，希望我的这些经验，可以帮助到更多的家庭。